住房城乡建设部土建类学科专业“十三五”规划教材
高校风景园林（景观学）专业规划推荐教材

城市公共空间景观设计

杜春兰　周容伊　等编著

中国建筑工业出版社

图书在版编目（CIP）数据

城市公共空间景观设计／杜春兰等编著．—北京：中国建筑工业出版社，2018.2（2024.12 重印）
住房城乡建设部土建类学科专业“十三五”规划教材
高校风景园林（景观学）专业规划推荐教材
ISBN 978-7-112-21309-2

Ⅰ．①城…　Ⅱ．①杜…　Ⅲ．①城市空间－公共空间－景观设计－高等学校－教材　Ⅳ．① TU984.11

中国版本图书馆 CIP 数据核字（2017）第 242621 号

可发送邮件至cabp_yuanlin@163.com索取本书课件。

责任编辑：杨　琪　陈　桦
责任校对：李欣慰

为了更好地支持相应课程的教学，我们向采用本书作为教材的教师提供课件，有需要者可与出版社联系。
建工书院：http://edu.cabplink.com
邮箱：jckj@cabp.com.cn　电话：（010）58337285
教师QQ群：457541918

住房城乡建设部土建类学科专业“十三五”规划教材
高校风景园林（景观学）专业规划推荐教材
城市公共空间景观设计
杜春兰　周容伊　等编著
*
中国建筑工业出版社出版、发行（北京海淀三里河路9号）
各地新华书店、建筑书店经销
北京雅盈中佳图文设计公司制版
北京云浩印刷有限责任公司印刷
*
开本：787×1092毫米　1/16　印张：$13^1/_4$　字数：281千字
2019年9月第一版　2024年12月第六次印刷
定价：39.00元（赠教师课件）
ISBN 978-7-112-21309-2
（31022）

前 言

在这个科技高速发展的信息化时代，似乎没什么问题是不能通过“上网搜一搜”解决的，人们可以通过互联网、大数据仅仅花几秒钟的时间快速地了解自己想要获取的知识和信息，但是，若要形成对一个专业领域较为完整的知识体系，目前互联网“碎片化”的搜索仍难以替代相对“系统化”的书籍。

风景园林专业在近几年间得到了空前的发展，人们也越来越认同城市中景观环境的重要性。本书的出版正是面向那些风景园林师以及对景观设计感兴趣的朋友，希望能够给大家提供一些学习景观设计的线索，帮助建立景观设计的知识结构。因此，本书在参考了大量优秀设计类书籍的基础之上进行编写，希望做到知识的系统性、方法的实用性、思维的发散性以及内容的趣味性。

教材分为两大部分，第一部分是概念、原理和方法，注重对基本知识的系统性概述，利用思维导图、结构示意等方式帮助读者建立景观设计所要掌握的基本知识体系，并在每个章节末推荐相关经典读物，为知识体系的延伸提供一定线索；第二部分则是针对具体公共空间类型设计的详解，这些设计类型包括了城市广场、城市街道、滨水空间及城市微空间等。通过“场景感知”“案例解析”“设计要点”“实战演练”“作业评析”“设计与思考”等学习单元的设置，希望从各个方面提供读者从思考、借鉴、构思、实际操作到“再思考”的完整学习路径。在“案例解析”中，我们尽量选择一些经典的景观设计案例和国际获奖作品，但也十分鼓励读者以批判性的思维方式来学习借鉴。

本书编撰小组的成员还包括周容伊、韩玉婷、朱文艳、蒯畅、刘辰、常贝、崔小瑛、夏冰珏、林立揩、胡诗雨、杨航、亢锴、李小鹏、杨帆、张林等，他们参与了本书的资料查阅、资料整理、插图、排版等工作。本书得以问世还离不开全国风景园林学科专业指导委员会的支持，离不开中国建筑工业出版社的关注与指导，在此表示真诚的感谢！

希望通过本书可以点燃读者的设计热情，引发设计师们的一点讨论和思考。书中尚不完善或有错漏之处，恳请广大读者给予批评指正！

2021 年 9 月本书获评住房和城乡建设部“十四五”规划教材。

目 录

第1部分 概念・原理・方法

第2部分 类型详解

第 1 部分
概念·原理·方法

基本概念阐述

设计模块

相关理论与设计方法

新趋势与新技术

第1章 基本概念阐述

1.1 定义·功能·内容

什么是城市的公共空间？乍一看觉得是个十分简单的问题，但要真正说清楚却也不易，主要原因是城市公共空间不仅是风景园林、城乡规划、建筑学等人居环境建设相关学科的重要研究对象，还涉及行为学、社会学、心理学、经济学、地理学和生态学等学科。因此就城市公共空间谈城市公共空间具有一定的广泛性和模糊性。

在城市设计领域，城市开放空间（Open Space）与城市公共空间的概念类似，它指的是城市的公共外部空间（不包括那些隶属于建筑物的院落），包括自然风景、硬质景观（如道路等）、公园和娱乐空间等。一般而言，城市公共空间具有四个方面的特性[①]：

（1）开放性：不能将其用围墙或其他方式封闭围合起来；

（2）可达性：对于人们是可以方便进入到达的；

（3）大众性：服务对象应是社会公众，而非少数人享受；

（4）功能性：不仅可供观赏，还能满足公共休憩需求和人们的日常使用。

从功能形态的角度看，城市公共空间是指城市建筑实体之间存在着的供城市居民进行公共交往活动的空间，是向公众展现城市形象的重要场所，因此，也有人称之为城市的“起居室”“会客厅”或“橱窗”。

随着经济社会的不断发展，人们对城市公共空间的需求越来越迫切，要求和标准也越来越高，对于居住在城市中的人们来说，公共空间不仅是提供他们日常活动、休闲游憩的功能性场所，也代表着他们所居住城市的“品位”，因此，城市公共空间还应该满足人们对于城市“美”的向往，甚至是情感上的归属与认同。所以说，针对城市公共空间的景观规划设计工作格外重要。

城市公共空间是城市活动的“发生器”，它具有包容性、开放性和公众性等特点，因此，城市公共空间景观需要以反映关乎“公共意识”的一切信息为原则，这其中包括对城市自然生态环境的维系，对城市历史脉络的传承，以及对地域文化特征的尊重等。并且作为一名风景园林师，有责任和义务去为保护一个城市的生态环境，延续一个城市的文化特质，传播一个城市的精神情感等，而作出自己应有的贡献。

从设计内容上看，城市公共空间景观设计通常包含了天然景观和人工景观两个方面，在实际设计过程中，是基地内所有自然景观要素和人工景观要素的高度融合和共同塑造。

现代风景园林的意义正被不断地拓展和完善，城市公共空间景观设计的内

---

① 王建国 . 现代城市设计理论和方法 [M]. 南京：东南大学出版社，1991.

图 1–1　各种类型的城市公共空间

容和形式也逐渐趋于多元化和多样化。在上述概念的基础上，本文着重从景观设计实际操作的角度理解，认为城市公共空间指的是城市中建筑实体之间的开放性公共空间，它是提供城市普通居民日常生活、休闲娱乐、社会交往的室外活动场所，主要包括了广场、街道、商业街、公共绿地、滨水区等（图 1-1）。

著名的威尼斯圣马可广场最早形成于中世纪，在不断地增建与改建过程中逐渐形成了市政厅、图书馆等众多市民阶层的公共建筑物并置的格局，它们一起围合出广场。多样化建筑的并存暗示出广场对于多样性活动的包容，这使得广场成为宗教仪式与世俗生活中各种活动的公共舞台。圣马可广场表现了对于多样性与共同空间认同感之间的平衡的表达。教堂所象征的天堂世界与钟塔对远航归来商船的心理皈依作用，使其分别成为威尼斯市民宗教与世俗共同体想象的源泉，也是城市公共空间的精神所在（图 1–2）。

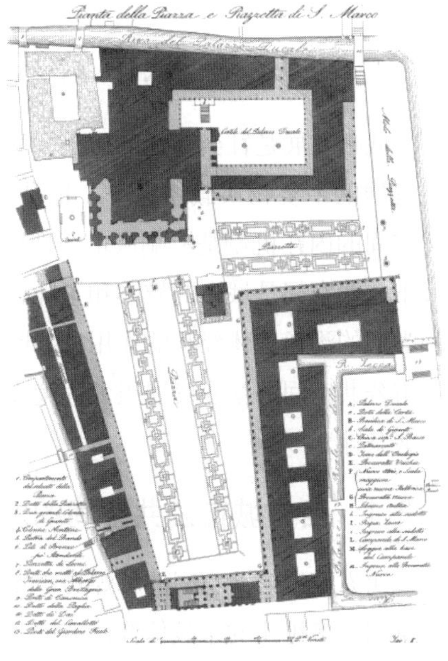

图 1–2　1831 年的威尼斯圣马可广场总平面图

图 1-3　巴黎协和广场（左）
图 1-4　香榭丽舍大道（右）

巴黎协和广场作为法国最著名的广场，位于巴黎市中心塞纳河北岸，18世纪法国国王路易十五为了向世人展现他至高无上的皇权下令兴建并取名为“路易十五广场”，也因此在大革命时期，被法国人民当作展示王权毁灭的舞台，故又称为“革命广场”。广场呈八角形，中央矗立着埃及方尖碑，是由埃及总督赠送给查理五世的。方尖碑是由整块的粉红色花岗岩雕出来的，上面刻满了埃及象形文字，赞颂埃及法老的丰功伟绩。广场的四周有 8 座雕像，象征着法国的 8 大城市（图 1-3）。

香榭丽舍大道始建于 1616 年，当时的皇后玛丽·德·梅德西斯（Marie de Medicis）决定把卢浮宫外一处到处是沼泽的田地改造成一条绿树成荫的大道。因此在那个时代香榭丽舍被称为“皇后林荫大道”。香榭丽舍大道以圆点广场为界分成两部分：东段是条约 700m 长的林荫大道，以自然风光为主，道路是平坦的英式草坪，周围列植着葱郁的大树，鸟语花香，是闹市中一块极为珍贵的静谧之处。西段是长约 1200m 的高级商业区，也是全球世界名牌最密集的地方（图 1-4）。

1.2　城市公共空间的发展与演变

城市发展是社会变迁的历史，又是一部城市的艺术史。城市公共空间是城市发展的主要物质载体之一，也是人与资源、环境关系的外在表现，城市公共空间的内在机制是影响城市合理发展的基本要素之一——从空间结构上讲，城市公共空间是城市的核心和主脉，在城市空间组成体系中起着与人体“关节”相类似的沟通整体经脉的作用，因此影响着城市发展的整体形态。而反过来讲，城市公共空间的演变发展很大程度上是取决于城市发展的历史、政治、经济和社会条件。

1.2.1　西方城市公共空间的发展与演变

西方城市公共空间的辉煌历史可溯源至古希腊。自由的城邦政治体制和民主氛围、多神论的宗教信仰，造就了希腊人热情开放的性格和对室外公共活动的崇尚，公民在城市公共空间进行贸易、聚会、辩论，参与城市公共事务。城市公共空间不仅满足了公民基本的物质需要，同时也实现了其交往、参加公共事务、实现自我价值的社会性需要①。这个时期的城市公共空间是以广场以及一些供公众进行辩论、集会、演出、竞技的公共建筑附属场所作为典型代表（图 1-5）。

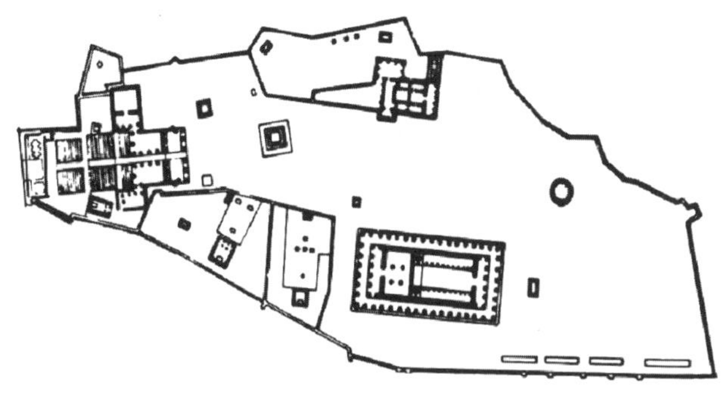

图 1–5 雅典卫城平面图

Agora 的本意即是集会，"Agora 最初的意思就是集会而不是举行集会的场所，因为希腊人在进入城镇生活之前就爱交际"②，后来才指集会的场所，是满足城邦行政事务需求为目的公共空间。人们在此交谈、辩论、演出、竞技，又因为人群的聚集产生了贸易功能。

随着罗马帝国时代的到来，整个罗马的社会意识、价值观念与生活方式都发生了改变。与古希腊不同，元首制的确立标志着元老院的消亡、城邦体制和共和精神的瓦解，社会形态开始出现分化，随着统治阶级的权力强盛，共和国时期公民参与城邦政治事务的生活方式也被集体娱乐的方式取代。古罗马的城市建设也在这一背景下发生了变化，纪念性与享乐型的建筑与空间迅速发展起来，除了宏伟的凯旋门、纪念柱和广场群的出现，供众人娱乐的设施遍布全城。城市公共空间的形式变得更为丰富，除了壮丽的纪念广场、市政广场、教堂广场之外，还有宽阔的街道、华丽的跑马场、斗兽场、公共浴室等（图 1-6）。

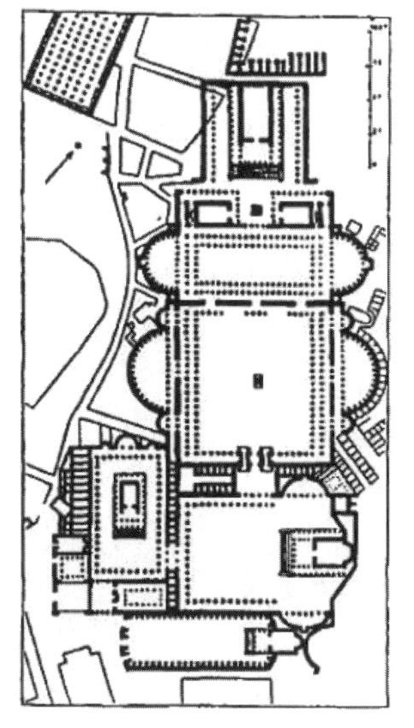

图 1–6 罗马帝国广场群平面图

以集市广场（Forum Romano）为主要代表的城市公共空间继承了古希腊 Agora 的传统，反映出

① 王旭，万艳华．人文主义的回归：西方城市公共空间特性演变探究 [J]. 城市发展研究，2012（08）：70–75.

② （法）皮埃尔·勒维克．希腊的诞生——灿烂的古典文明 [M]. 王鹏等译．上海：上海书店出版社，1998：109.

城市对于公共性的关注，成为元老院统治之下的城邦制度与共和精神的载体。Forum是一种多功能的公共空间，可以作为政治、军事集会场所，露天法庭、公共娱乐场所或者市场，基本为自然形成，空间形态各异，建筑排布也较为自由。

伴随着罗马帝国强权统治的分崩离析，欧洲城市进入了黑暗的中世纪。天主教会在这一时期占据了绝对的主导位置，教会成为统治城市的势力，宗教活动成为城市社会生活中最重要的内容。中世纪城市生活以宗教活动为主，教堂遍布欧洲各个城市，控制了整个城市空间。教堂成为了城市的中心，广场成为教堂的附属空间，本来属于人的广场成了属于神权的广场，城市的街道和建筑以谦卑、平和的态度安静地成为城市中的一员，来接受威严、肃穆、高大教堂的洗礼，公共空间作为最好的祭品来供奉它崇敬的神灵。教堂广场与附近的街道是城市宗教活动如露天表演、宗教游行等发生的舞台，街道的形成也与宗教游行的需求密切相关。街道中行进的人群与街道两侧住户之间形成视线与声音多方面的交流，体现了宗教的参与性（图1-7、图1-8）。

从14世纪的意大利开始，文艺复兴逐渐遍布整个欧洲，是欧洲历史上前所未有的伟大变革。人们逐步摆脱宗教神权至上的思想束缚，新兴的资产阶级提出了以人为中心的“人文主义”思想，肯定“人”是现世生活的创造者与享受者，追求人权、平等与自由。城市建设也凸显了这一时代的人文主义思潮，神的城市开始向人的城市回归。城市公共空间在这一时期增加了市场、图书馆等新的建筑，城市空间的规划强调以人为中心，研究人的行为心理、知觉经验与城市环境之间的联系，构筑尺度宜人、理性而有秩序的城市空间。公共空间中的商业活动重新活跃起来，公共生活体现了人文主义的特征（图1-9）。

巴洛克时期是欧洲民族国家与君主制形成的时期，随着诸侯割据被打破、地方封建权力削弱，大国的中央集权不断得到巩固加强，新的政治格局要求新

图1-7　圣彼得大教堂（左）
图1-8　坎珀广场（摄影：罗丹）（右）

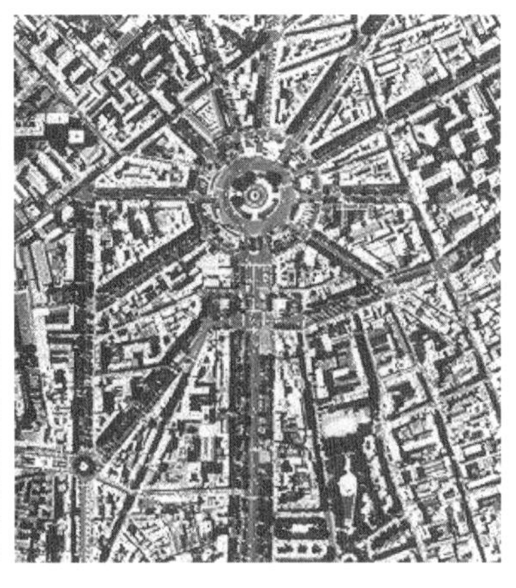

图 1–9　威尼斯圣马可广场（左）
图 1–10　巴黎城平面图（右）

的能与之匹配的城市空间，城市公共空间也发生了一系列的变化。公共空间的形式始终是与公共生活相匹配的，“真正影响城市规划的是深刻的政治和经济的转变。古代世界中早先产生王室城市的那股力量又重新出现”①。通过宽阔的林荫大道联系城市各类公共空间，是巴洛克城市的重要特征。一切权利的表现物如教堂、城堡、宫殿、别墅、记功柱、君王雕像、凯旋门和方尖碑等成为城市的焦点。这些原本在城市中自由散落点状分布的城市焦点，又借助具有强烈线性秩序的道路连接，形成整体的城市公共空间视觉系统，借助透视技法加强了空间的运动感与景深，呈现出新的景观风貌。由于巴洛克式的公共空间能够在短期内迅速提升城市的形象，因此广受欢迎。这一风格在世界范围内得到了普及，至今仍然对各地城市公共空间的格局构建有着深远的影响（图 1-10）。

18 世纪工业革命的到来也为城市带来了极大的变革，城市迅速膨胀，产生了一系列的矛盾与问题。城市中人口剧增、交通混乱、环境恶化等诸多问题纷纷涌现。工业革命后，以获取利润为目的的商品生产方式，市场这双“看不见的手”支配着经济生活②。这个时期的城市公共空间布局尽可能是最简单的方格网，城市街道的目的只是建立通道，而那些对称的轴线、宽阔的街道、广场，则成为吸引投资的工具。

随着城市问题的不断加剧，工业城市机械刻板的公共空间无法满足生活的需求，城市公共空间的复兴问题开始受到关注。城市公共空间在历史上第一次面临着社会、经济、科技、文化等全方位的变革诉求。许多西方国家对复兴城市公共空间进行了探索，如维也纳拆除城墙形成环绕城市的林荫大道，英国将皇家公园面向公众开放成为第一个现代意义的城市公园，美国的城市美化运动及城市公园系统的建设，巴黎的城市美化活动等，都体现了整个社会对于城市

---

① （美）刘易斯·芒福德. 城市发展史——起源、演变和前景 [M]. 宋峻岭等译. 北京：中国建筑工业出版社，2005：369.

② 王旭，万艳华. 人文主义的回归：西方城市公共空间特性演变探究 [J]. 城市发展研究，2012（08）：70-75.

公共空间的重视。

20 世纪 70 年代以后，城市公共空间重新回归了普通市民生活这一价值内核。城市公共空间在功能理性之外被赋予了城市生态、社会公正、文化文脉等价值内涵。奥姆斯特德（Olmsted）和沃克斯（Vaux）设计的美国纽约中央公园就明确表达了其为社会各阶层所共享的理念，成为具有里程碑意味的城市公共空间的代表。

1.2.2 中国城市公共空间的发展与演变

由于与西方在政治结构、空间意识、经济机制、社会伦理、思维方式等方面的差异，中国传统社会中的公共空间与西方呈现出截然不同的面貌。

与西方以广场作为核心的城市公共空间不同，中国古代城市公共空间的代表是街道。中国古代城市中的“市”承担了部分城市公共空间的职能，成为中国古代城市中最具市民日常生活气息的所在，集中了普通民众的贸易、娱乐和其他交流活动。自春秋时起，城市中设立了内向而封闭的市民交易场所，一直延续到隋唐时期。代表性的如唐代的东西两市。

宋代随着城市中手工业、商业以及对外贸易的发展与政治局势的动荡，城市管理逐渐松弛，封闭的市不能满足城市生活的需求，受到了经济活动的冲击。城市中商业的发展渐渐突破了墙垣的限制，市开始因需而设。北宋时里坊制度逐渐崩溃，集中的“市”被遍布全市、纵横数里的开放商业网络所取代，沿街茶楼酒肆与各行商铺林立。在城市的中心位置出现一些与街道相结合的放大空间节点，可以展开商业贸易、餐饮聚会、演出庆典等一系列活动，城市公共空间的形态和类型也丰富多样了起来（图 1-11）。

“街市”的出现是我国传统公共空间发展中的重要突破，“街市”成为城市中最具有活力的所在，也构成了中国传统城市中最为典型的公共空间类型。“与欧洲城市街道广场上起到的一种休闲作用不同，中国的街市是一个以商业活动为中心的聚会空间，人们通过贸易、饮食、娱乐交往，达到聚会的目的。这种街市由于有利于居民的生活，因而具有长久的生命力”①。

鸦片战争后，中国数千年相对稳定的生活方式受到了巨大的冲击。这一过渡时期内东西方文化的相互作用，城市生活开始由传统向近代转折。政治、经济、文化的突变对于城市的公共空间也产生了巨大的影响。中央集权对于地方的统治开始弱化，“租界的出现和房地产业的发展，意味着以礼制、政治制度配置城市空间结构的方式的结束，以价格杠杆配置城市土地资源的机制的诞生”②。

---

① 周波 . 城市公共空间的历史演变——以 20 世纪下半叶中国城市公共空间演变为研究重心 [D]. 四川大学 .2005：82.

② 宛素春 . 城市空间形态解析 [M]. 北京：科学出版社 .2004：68.

图 1-11 清明上河图（左）
图 1-12 外滩公园（资料来源：上海档案信息网）（右）

清明上河图是北宋画家张择端的画作，它生动记录了北宋都城汴京的城市风貌和街市生活。画面中以高大的城楼为中心，两边的屋宇鳞次栉比，有茶坊、酒肆、脚店、肉铺、庙宇、公廨等，街市行人摩肩接踵，川流不息。

外滩公园建园工程起始于 1866 年，1868 年公园基本建成。旧址现为上海人民英雄纪念碑。

中国的城市公共空间结构面临了一次历史性的变革，率先开埠的城市中出现了具有西方特征的公共空间雏形，如在上海、广州等地，效仿西方城市布局形式的街道和广场相继浮现。租界内殖民者修建了一些西式的公园，改变了传统的公共空间格局与城市风貌。随着辛亥革命推翻封建帝制，中国城市开始了向现代城市的转型，各种西方的公共空间如广场、公园等随着城市的建设渐渐涌现（图 1-12）。

1949 年以后中国进入了计划经济时代。经历了连年战乱的城市急需建设，恢复正常的城市生活与秩序，对城市中环境最为恶劣的地带进行改造，城市广场、公园绿地、城市街道的建设改善了城市公共空间的环境面貌。由于城市的经济水平薄弱，消费能力较低，休闲娱乐性质的公共空间如商业街并无生存的空间。这一时期的城市公共空间受到苏联的影响，基本采用对称布局的几何形态，为了适应群众的集会活动以硬质铺地为主。

改革开放后，中国社会向着现代的、具有公民意识的社会主义迈进，城市公共空间的发展也进入了一个新的历史时期。随着商业经济的发展，经济建设的重点转向城市，城市居民的消费能力与生活水平显著提高，城市公共生活日益丰富。城市公共空间的建设重新受到重视，市民广场、城市绿地、商业广场街道等公共空间的建设在全国范围内广泛开展，如重庆朝天门广场、成都天府广场、青岛五四广场、太原五一广场、北京王府井步行街、上海外滩一期、上海南京路步行街、广州上下九步行街、南京秦淮河文化街区、西安环城公园和合肥环城公园等（图 1-13）。

新时期的城市公共空间功能复合，形式多样，从单纯的满足集会活动需求，逐步转向了对市民日常休闲活动的关注。不仅在数量和类型上都有巨大突破，也开始关注精神文化内涵、重视人文关怀、注重生态环境。城市公共空间成为城市中最重要的公共生活载体，同时也成为城市形象品牌，发挥了社会效益、经济效益与文化效益。

图 1–13　青岛五四广场
（图片来源：视觉中国）

五四广场北依青岛市政府办公大楼，南临浮山湾，总占地面积 10 公顷，因青岛因中国近代史上伟大的五四运动而得名。五四广场分南北两部分，分布于中轴线上的有市政府办公大楼、隐式喷泉、点阵喷泉、《五月的风》雕塑、海上百米喷泉等。

1.3　总结与思考

（1）城市公共空间在城市中有什么作用？它包括哪些类型和形式？

（2）中西方城市公共空间的发展有什么异同？为什么？

（3）为什么要了解城市公共空间的发展演变历史？

（4）在你去过的国家或城市中给你留下印象深刻的公共空间（广场、街道、公园等）有哪些？请总结一下给你留下深刻印象的环境景观要素。

1.4　推荐读物

1.（美）刘易斯 · 芒福德 . 城市发展史——起源、演变和前景 . 中国建筑工业出版社，2005.

2.（英）泰勒 .1945 年后西方城市规划理论的流变 . 中国建筑工业出版社，2006.

3.（加拿大）简 · 雅各布斯 . 美国大城市的死与生 . 译林出版社，2010.

4.（美）罗杰 · 特兰西克 . 寻找失落空间——城市设计的理论 . 中国建筑工业出版社，2008.

5. 吴家骅 . 环境设计史纲 . 重庆大学出版社，2002.

6. 罗小未，蔡琬英 . 外国建筑历史图说 . 同济大学出版社，1986.

7. 侯幼彬，李婉贞 . 中国古代建筑历史图说 . 中国建筑工业出版社 .

8. 李孝聪 . 中国城市的历史空间 . 北京大学出版社，2015.

9. 李允鉌 . 华夏意匠：中国古典建筑设计原理分析 . 同济大学出版社，2014.

10.（美）迈克尔 · 索斯沃斯，伊万 · 本 - 约瑟夫 . 街道与城镇的形成 . 中国建筑工业出版社，2006.

11.（美）柯林 · 罗 . 拼贴城市 . 中国建筑工业出版社，2003.

12. 王向荣，林箐 . 西方现代景观设计的理论与实践 . 中国建筑工业出版社，2002.

第2章 设计模块

景观设计可以理解为，基于场地物质现状以及其蕴含的一切“信息”（如自然肌理、生态环境、建筑物、历史文化、风土民俗等），通过设计方法和设计程序，将它们有序地组织起来，形成一个完整的景观系统。这些关于场地的“信息”通常依附于场地中各种各样的物质载体上，我们将那些可以加以景观化利用的物质载体称之为景观要素，景观要素大致可分为：①自然景观要素，如自然的地形地貌、江河湖泊等天然景观；②人工景观要素，如建构筑物、桥梁、道路、雕塑等；③人文景观要素，如神话、传说、风俗、史志等。

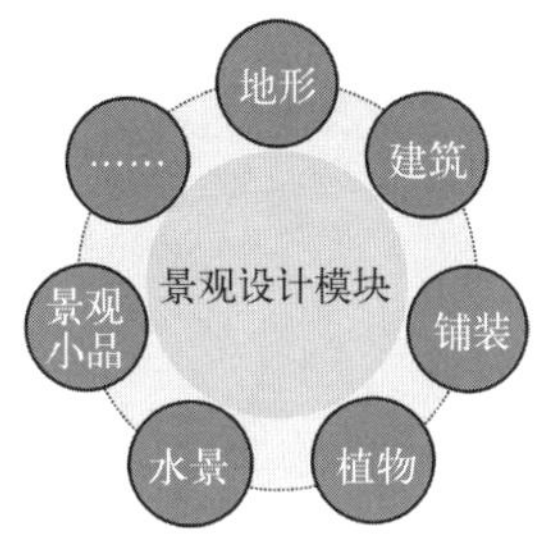

图 2–1 城市公共空间常见的几种景观设计模块

我们归纳了六类对城市公共空间景观影响较大的要素类别，分别是：地形、建筑、铺装、植物、水景、景观小品（图 2-1）。它们是组成城市公共空间景观环境的主要内容，这些内容就像是一个个“设计模块”，它们是景观设计最基本的单元，设计师可以通过对不同设计模块形式、大小、材质等特性的设置，以及对模块与模块之间构成关系的推敲，逐步形成景观设计方案。因此，对这些设计模块特性的了解越深刻，越是能够游刃有余地在景观设计实践中应用。

2.1 地形

地形指的是地表呈现出高低起伏的各种状态。地形模块因为具有固定性和基底性，因此它是设计最基础的结构，也是其他景观要素设计的重要依托，构成了城市公共空间的地表架构。地形处理的恰当与否会直接影响到其他景观要素的作用。

2.1.1 地形之美

首先我们应该看到，地形本身就是具有美学价值的景观，它可以形成丰富多变的形态，产生有趣的视觉效应。因此，在设计中我们要充分挖掘场地中的“地形信息”，通过景观设计的方法对这些“地形信息”加以有效合理的利用，形成景观特色。此外更重要的是，在设计中应该尽可能地尊重场地的原生地形，避免大挖大填。自然有机的地形形态同样也可以为众人讲述美丽的故事。如爱悦广场不规则的层层台地是自然等高线的简化，广场上休息廊的不规则屋顶则是来自于对洛基山山脊线的印象，劳伦斯 · 哈普林的设计灵感便源于自然的瀑布和山崖。又如日本难波公园采用空间向上退台的方式，仿照层层推进的峡谷地形，仿佛是游离于城市之上的自然绿洲，与周围线形建筑的冷酷风格形成强烈对比（图 2-2）。

图 2-2 地形的利用与模仿

城市公共空间设计中利用、模仿地形之美创造出独特的景观形象

2.1.2 地形的作用

(1) 分隔空间

首先，地形作为最基础的景观设计模块，它可以将一个大的空间进行亚划分与分隔，如凸地形可以通过地形抬升阻挡视线从而分隔不同的空间；而凹地形会因为高差的跌落自然形成内聚空间，营造私密感；在单向坡面设计梯形平台可以供人停留，形成外向性空间（图 2-3~ 图 2-5）。

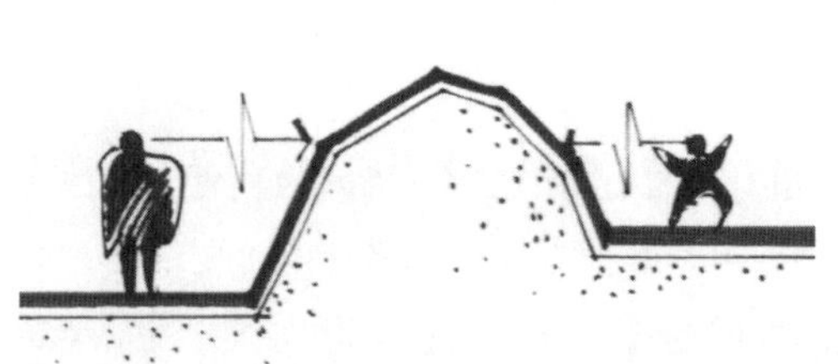

图 2-3 凸地形分隔空间

图 2-4 凹地形形成内聚空间

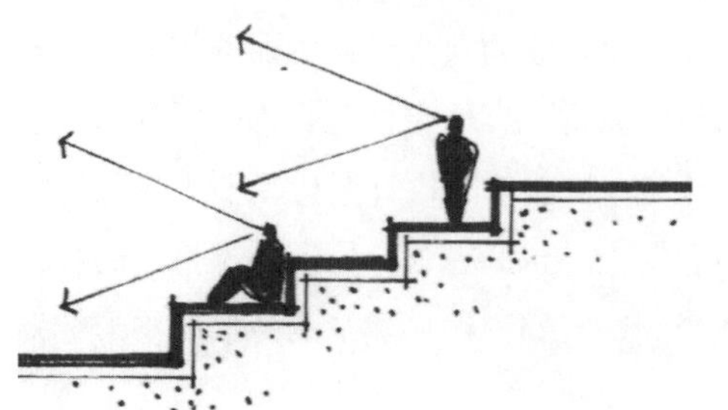

图 2-5 梯形分隔形成外向性空间

（2）营造不同的空间氛围

不同的地形所形成的空间会带给人不同的心理感受（图 2-6）。

如平坦的地形可以创造一种开阔宁静之感，最适合人的行走，人流速度相较坡度地势更快一些。

带有坡度的地形会让人产生探索、兴奋或崇敬等感觉，同时会增加人的行走难度，减缓人的行进速度。

在人流量较大的城市街道、人流密集的城市交叉道或是有紧急疏散要求的广场，应尽量选择较为平坦的地形，以确保人群的安全。

为了人们的休闲游憩而设计的小游园、街巷等，则应充分利用地形，结合平路、坡路、台阶以及平坝。设计层次丰富的空间，避免某种形式延续过长产生乏味感。

因此，城市公共空间设计中应充分结合现状地形条件，根据实际的使用需求分隔空间，如利用平地布置人流量较大、活动较为频繁的入口区域、中心活动区域，借助地形变化，营造出私密性较强的空间等（图 2-7）。

（3）阻挡不利因素，营造小气候

设计之初应该对场地区域日照、风向、降雨、湿度等气候特征和周边环境干扰要素进行综合全面的分析，选择小气候优良的区域布置主要功能，这样可以有效地利用日照、风向、降水，创造舒适宜人的小气候。如利用地形引导夏季风降温，或利用地形阻挡冬季风等（图 2-8）。

图 2-6 不同地形带来不同的空间感

图 2-7 不同的空间需要不同的地形形态（左）
图 2-8 利用地形降温、防风、防噪声（下）

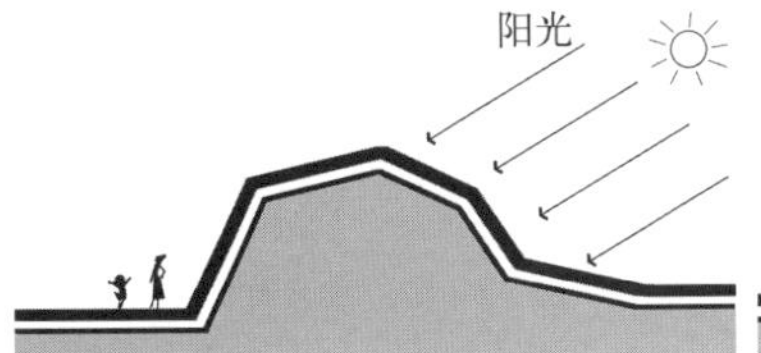

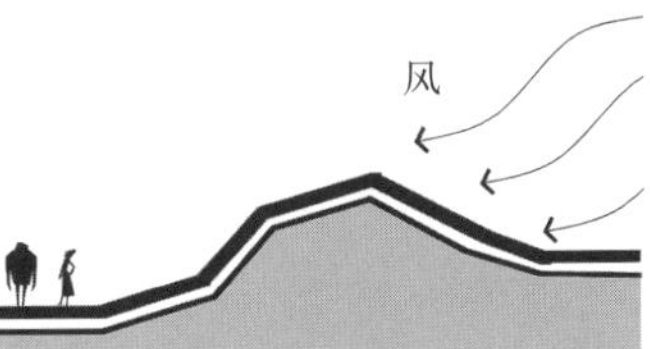

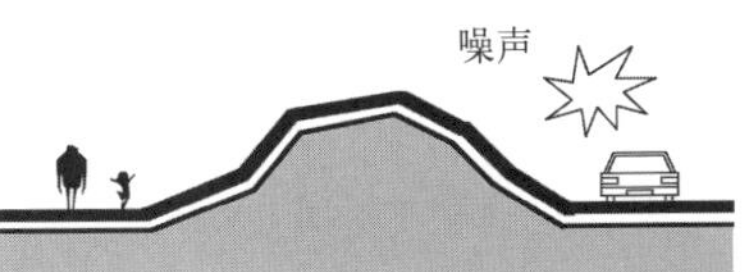

起伏的地形能够对场地内局部区域的光照、风向、风速产生一定影响，从而形成适于人活动或者利于植物生长的小气候条件。比如南向坡由于日照时间长，大部分时间里温暖舒适，适合大多数植物的生长和动物的活动；北向坡由于日照时间短，光热少，温度低，适于阴生和耐阴植物的生长，炎热的夏季可为人提供阴凉宜人的场所。此外，地形还能够阻隔和引导风向，若能通过塑造地形，在冬季阻隔有害主导风向，在夏季形成风廊，则可为城市公共空间创造宜人的室外活动场所。

2.1.3 地形改造的方法

前面讲了在公共空间景观设计中地形对空间的重要影响及作用，那么如何利用原始起伏的地形呢？我们总结了一些常见的改造地形的方式，如分台处理、坡道设计、台阶设计、坡台结合设计等。这些地形处理方式都是以尽可能减少地形的改变、避免大挖大填为原则的，在设计中应根据具体的地形坡度和高差条件选择合适的地形改造方式。

（1）分台

分台处理，等高线是影响设计的主要因素；车与人沿等高线行进最省力；如需平地可用挡土墙做到阶梯状的分台改造处理。挡土防护设施也可以通过绿化或其他景观小品的方式对其进行美化处理（图 2-9）。

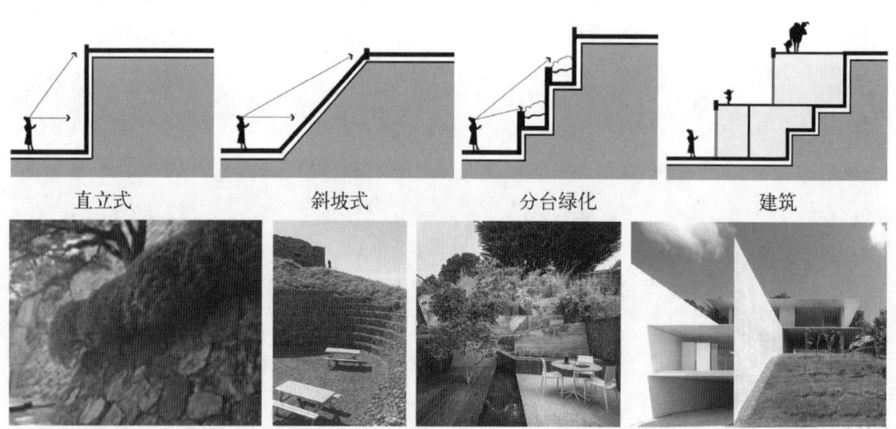

图 2-9 地形分台利用

☆**想一想 画一画**

还有哪些改造地形的方式？

(2) 坡道

当人或车在有高差的地面通行时，在室外坡度不太大的情况下，通常可以设置坡道解决。坡道在解决空间连接问题的同时也会对人的行为活动，如行走速度、心理感受等造成一定影响（图 2-10）。

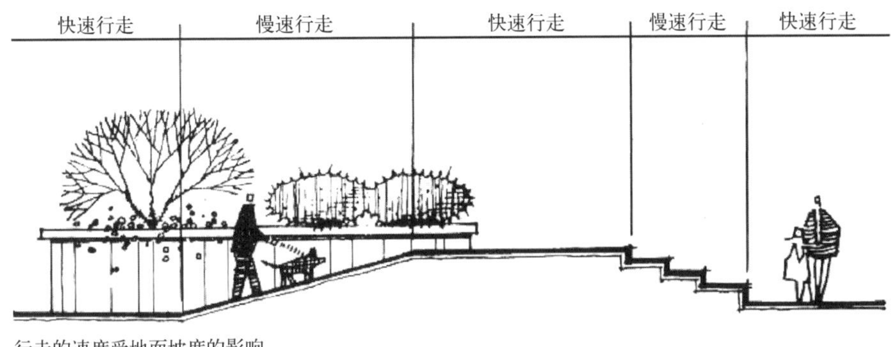

图 2-10　坡度对人行走速度的影响
图片来源：《风景园林设计要素》诺曼 K. 布思

在景观设计中，坡道的设计还有一些具体的要求，较为常见的有：

面层光滑的坡道，坡度宜小于或等于 1 ∶ 10；

行人通过的坡道，坡度宜小于 1 ∶ 8；

粗糙材料和做有防滑条的坡道的坡度可以稍陡，但不得大于 1 ∶ 6；

斜面锯齿状坡道的坡度一般不宜大于 1 ∶ 4；

残疾人坡道 1 ∶ 12 为宜。

☆ 知识要点 1

✧ 地形坡度的表示方法

表示坡度方法有很多种，如比例法、百分比法、密位法、分数法等，这里我们主要介绍比例法和百分比法这两种较为常用的坡度表示方法。

比例法是通过垂直高度变化和坡度水平距离之间的比率来说明斜坡的倾斜度、通常将垂直高度变化的数值简化为 1，如 1 ∶ 5、1 ∶ 20 等坡度（图 2-11）。

百分比法公式：坡度 = 垂直高差 / 水平距离 ×100%（图 2-12）。

☆ 知识要点 2

✧ 坡度设计要求

地形的坡度不仅关系到地面排水、坡面的稳定性，还涉及城市公共空间中设施的布置、植被的种植、人的活动和车辆的行驶等问题。坡度大小是景观建

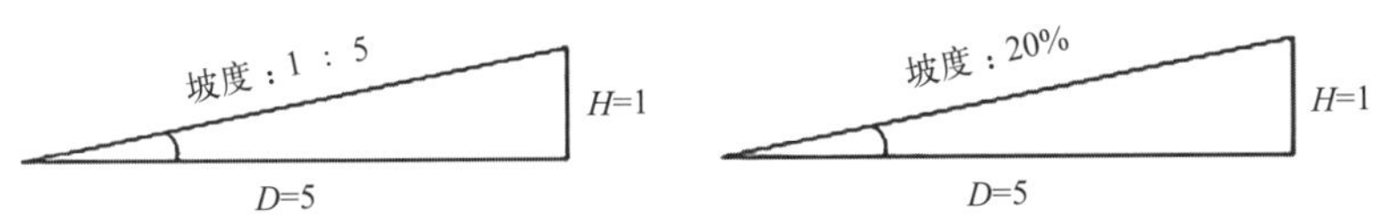

图 2-11　比例法表示坡度（左）
图 2-12　百分比法表示坡度（右）

设的重要影响因素，地形坡度越大，限制要素越多，景观设计的挑战也就越大。

车行道坡度：最小纵坡 0.3%，最大纵坡 8%；

人行坡度：最小纵坡 0.3%，最大纵坡 8%；

残疾人坡道：坡度不大于 1 ∶ 12，坡道的宽度不应小于 0.90m。每段坡道的坡度、允许最大高度和水平长度，应符合表 2-1 的规定。

室外空间设计的坡度要求 **表 2–1**

坡道坡度（高：长）	1 ∶ 8	1 ∶ 10	1 ∶ 12
每段坡道允许高度（m）	0.35	0.60	0.75
每段坡道允许水平长度（m）	2.80	6.00	9.00

关于休息平台及缓冲地带：坡道中间设休息平台时，深度不应小于 1.20m；转弯处设休息平台时，深度不应小于 1.50m；在坡道的起点及终点，应留有深度不小于 1.50m 的轮椅缓冲地带。

理想的排水坡度：1%~3%（最小 0.3%）；

适宜建设的坡度：小于 25%；

植物种植坡度：草坪种植的最大坡度 33%（人力修剪机修剪的草坪最大坡度 25%、草皮坡面最大坡度 100%，即 45°）。

（3）台阶

对于高差较大的情况则需要设置台阶，通常当坡度达到 30°~45° 甚至更大时，若要保证人能通行则必须设置台阶。通过台阶的设置可以达到分隔和划分空间的作用。通过台阶模数和形式的变化形成符合人不同活动需求的空间，既能够处理地形的高差关系还可以为人们提供休息活动区（图 2-13~ 图 2-16）。

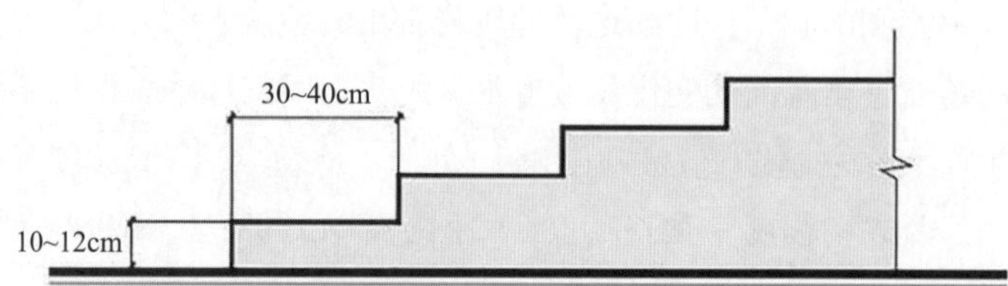

在很多广场设计中，台阶高度在 10~12cm，踢面宽约 30~40cm，人行较为舒适

图 2–13 室外台阶尺度示意

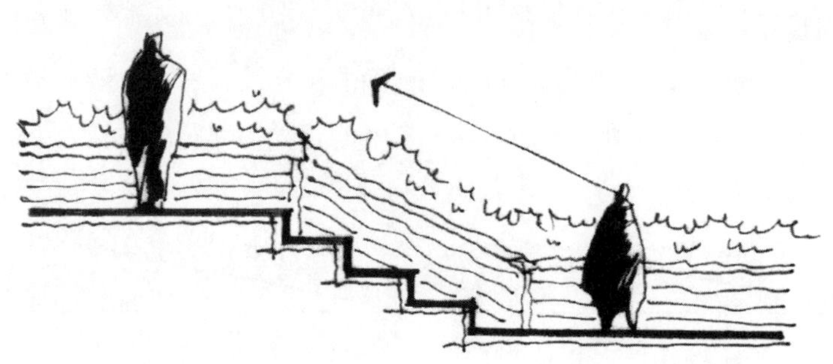

图 2–14 台阶用于分割空间和联系不同高差的平台

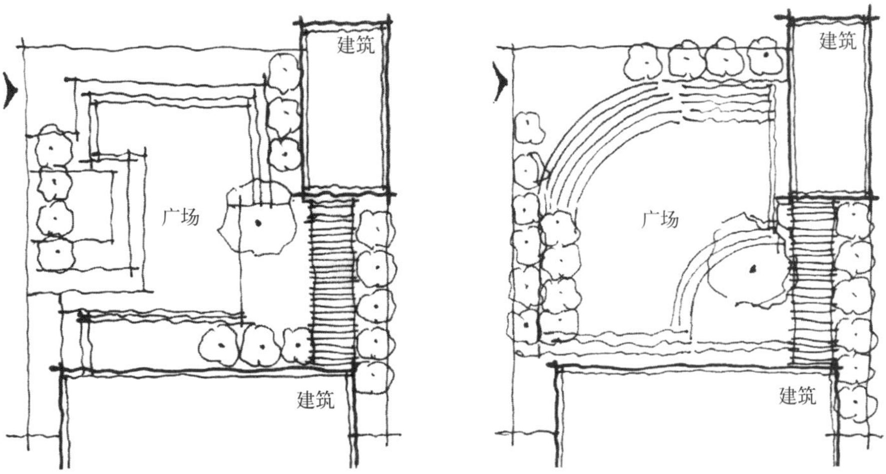

建筑

广场

建筑

建筑

广场

建筑

台阶可以用于广场中布置引人注意的图案

图 2-15 台阶用于空间的划分和构形

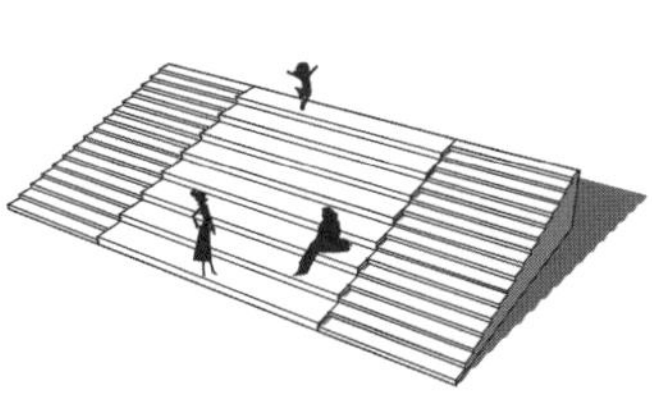

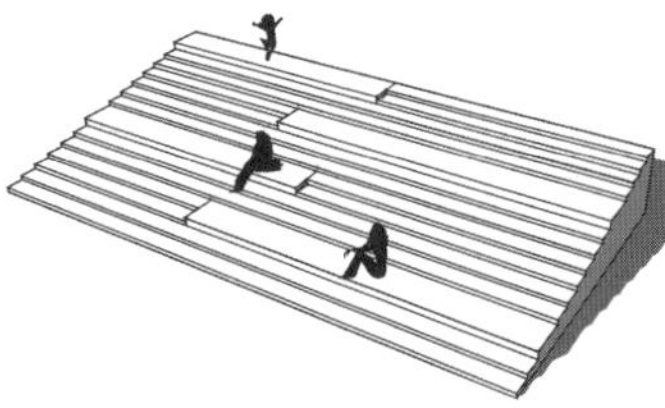

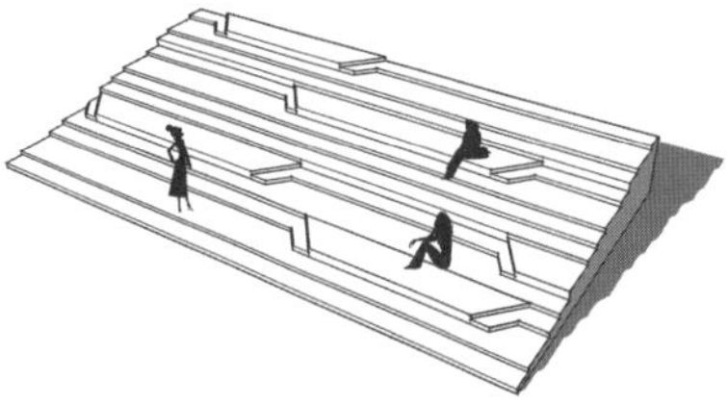

图 2-16 通过台阶模数变化的设计

(4) 坡道 + 台阶组合式

坡道与台阶相比，解决同样高差时，坡道需要的水平距离大约至少是常规台阶水平距离的 4 倍以上（图 2-17）。

利用这个特性，在公共空间景观设计中可以将台阶与坡道结合起来设计，这样既能满足无障碍的要求还能够形成一些巧妙而有趣的空间形式（图 2-18）。

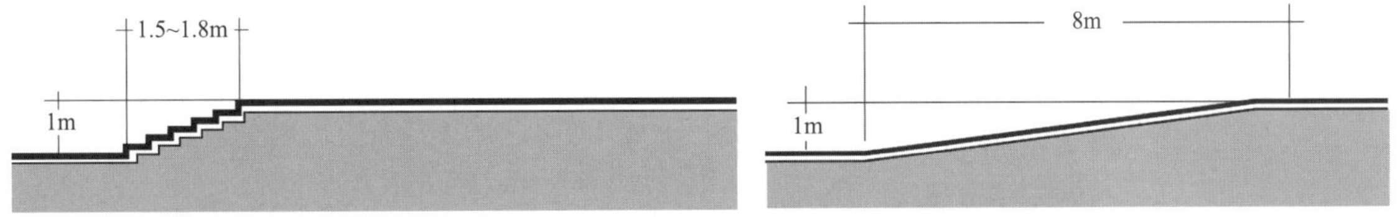

图 2-17 1m 高差梯步处理与坡道处理所需空间的差别

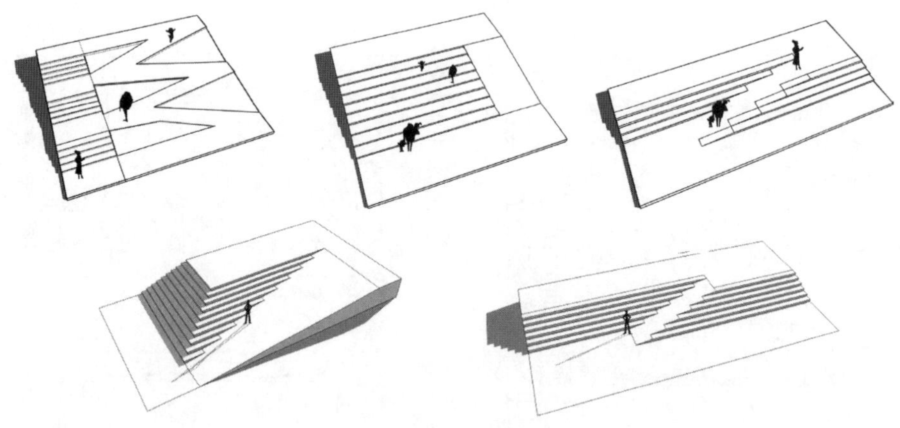

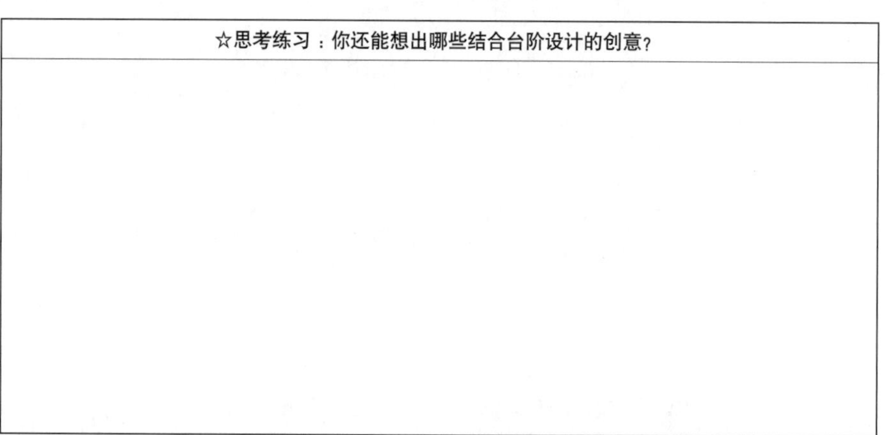

图 2–18　台阶 + 坡道的设计

☆思考练习：你还能想出哪些结合台阶设计的创意？

2.2　建筑

詹巴蒂斯塔·诺利绘制于 1748 年的罗马地图展现除了一个具有清晰“图—底”界定的城市—— 一个建筑实体与空间虚体的有机系统。罗马城的公共空间形态被建筑勾勒出来，他用十分直观的方式将城市建筑与公共空间的关系展现出来，可以说，建筑与公共空间是相辅相成，它们共同构建了一个城市的空间体系。从景观设计的角度看，建筑对于公共空间设计的影响和作用也是十分显著的，其中本书着重解析建筑对公共空间作用的三大方面：围合空间、形成界面、营造氛围。

2.2.1　围合空间

正如诺利地图的直观反映，城市中的建筑群首先在空间形态上起到了空间围合的作用，它作为“图”或“底”在空间形态上勾勒出了最初的公共空间平面形态。因此，城市中的建筑体的组合形式在形态上限定了公共空间的边界，也就决定了公共空间的形状、规模、大小等形态特性，这些都直接影响着景观设计方案的构思与形成。

建筑是围合城市公共空间的空间实体，通过建筑不同形式的围合形成城市公共空间的雏形（图 2-19、表 2-2）。

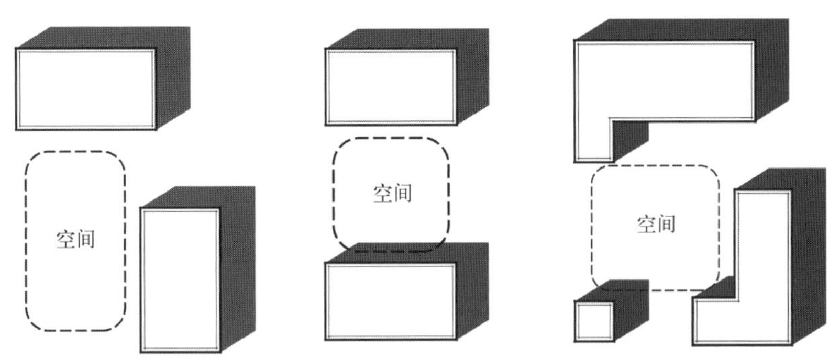

图 2-19 多栋建筑围合的空间

城市公共空间中建筑围合的几种类型　　表 2-2

类型	说明	图示
直线型	直线型的空间呈长条、狭窄状，在一端或两端均有开口。一个人如站在该类型的空间中，能毫不费力地看到空间的终端。例如:城市车行道、街道、商业街等	
组合线型	组合线型空间是建筑群构成的另一种基本带状空间。与直线型空间不同的是，组合型空间并非是那种简单的、从一端通向另一端的笔直空间，这种空间在拐角处不会中止，而且各个空间时隐时现，存在相连接的隔离空间序列。例如：商业步行街、商业综合体等	
聚焦型	中心开敞围合即将建筑物聚拢在与所有这些群集建筑有关的中心开敞空间周围。中心空间可以作为整个环境的中心点，作为总体布局的枢纽。例如：商业广场、活动广场等	
开放型	定向开放空间是被建筑群所限制的空间某一面形成开放性，以便充分利用空间外风景区中的重要景色。应适当地用足够的建筑物围合空间，保证视线能够触及空间外部的景色。例如：纪念性广场、市政广场、滨水广场等	

2.2.2 形成界面

建筑除了可以限定公共空间的边界，在三维立体的城市景观中，建筑的另一个重要作用就是为公共空间创造了各式各样、类型丰富的界面。在城市中建筑的界面不但会影响片区的功能业态，建筑界面的功能、形式和特征还会影响着人们对于该空间的识别和认知。因为建筑界面与其外部空间有直接的空间和功能联系，并且会在不同程度上影响着公共空间中人的行为活动和景观感受，因此在城市公共空间景观设计中不能忽略对周边建筑的界面形式、类型、功能等方面的分析和研究，不仅仅需要考虑空间本身的特点还要解读形成该空间的建筑界面的意义（图 2-20）。

肃穆庄重的市政广场建筑界面

层次丰富、充满趣味性的商业空间界面

亲切宜人的生活街道界面

通过对建筑界面的设计提升空间品质与活力

图 2–20 各类型的建筑界面

2.2.3 营造氛围

建筑对城市公共空间的影响不仅限于空间形态和视觉界面，它对空间环境氛围的营造也有着相当大的作用。

建筑围合形状的影响：方形、圆形等严谨规则的几何形状会给人以庄严、肃穆和稳重的感觉；曲线等不规则形式会给人带来自由、浪漫的感觉；高且深的空间，如教堂，能够令人敬畏；细且长的空间会给人悠远之感。

其次，建筑界面的封闭度也会很大程度影响公共空间的氛围。一般来说封闭度越高的建筑界面越是给人内向、宁静的环境氛围；开敞度较高的建筑界面会有更多样化的活动产生，这会给人带来相对自由热闹的环境氛围。

对于一些城市的历史保护区来说，历史建筑风貌对公共空间的影响更大，这些历史建筑所限定的公共空间是代表着特定历史时期的城市风貌，它们通常具有较高历史价值、社会价值和艺术价值，是一个城市的集体记忆和“文化资本”，能够给人带来深刻的历史环境氛围。这些历史地段公共空间的景观设计不但要考虑建筑围合的空间形态、界面、氛围营造等功能性要素，更重要的是把保护和传承地方文脉放首位（图 2-21）。

圣彼得广场

上海田子坊

图 2-21 不同风貌区公共空间的景观氛围

此外，建筑的体量和尺度、比例关系、建筑与建筑之间的距离、建筑与人之间的视距大小还会对人的心理感受产生影响。关于这部分内容，本书将在第 3 章中做详细的介绍。

2.3 铺装

2.3.1 铺装的作用

地面铺装是城市公共空间底界面形成的重要人工要素，它对于城市公共空间整体环境的形成有着重要的功能作用和美学作用（图 2-22）。

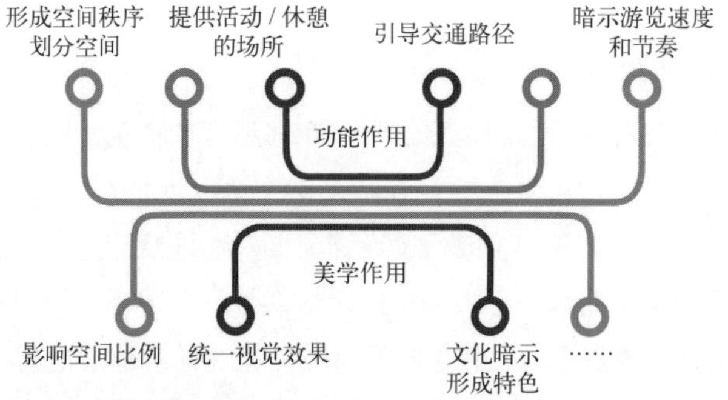

图 2-22 铺装的作用

图 2-23 放射式与轴向式铺装的对比

1）功能作用

（1）形成空间秩序与划分空间

铺装材料的拼贴方式在空间中会产生一定的划分空间和组织空间秩序的作用，如强调轴向拼贴的地面铺装会形成十分强烈的纵深感和方向感，又如放射式的铺装拼贴形式会产生向心性和凝聚力。这些空间秩序的暗示会潜移默化地引导人们的行为活动从而在视觉和心理上达到划分空间的作用（图 2-23）。

（2）提供活动和游憩的场所

为人们高频率的活动和使用提供可以经受长期磨蚀的地面是铺装材料最重要的使用功能之一。相比草坪而言，铺装的地面能够经受住长久而大量的磨损践踏，可以承受人的活动、游憩使用，甚至是车辆的滚压。因此，不论是人与车辆的交通还是人在空间中的活动都需要铺装作为载体。如果铺装材料使用得当，可以提供高频度的使用而不需太多的维护。

（3）引导交通路径

为人提供方向性是地面铺装的一个重要的功能。当铺装呈现出带状、线状时，能够指明前进的方向，并通过视线的指引将行人或车辆限定在某个“轨道”上，从而在空间中划分不同的流线（图 2-24）。

（4）暗示游览速度和方式

地面铺装的形式特点还可以影响人行走的速度的节奏。

铺装面越宽，游览空间的机会越多，游览的速度便会越缓慢，反之路面很窄的情况下，行人只能一直向前行走，几乎没有机会停留，行走速度便会越快（图 2-25）。

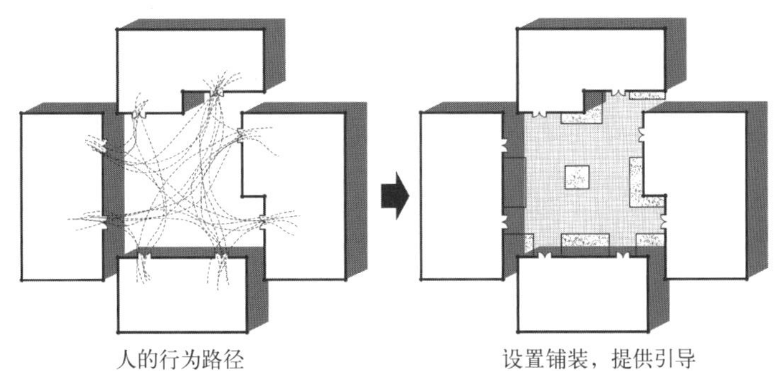

设置铺装，提供引导

图 2-24 地面铺装可以为人的行为路径提供引导和方向

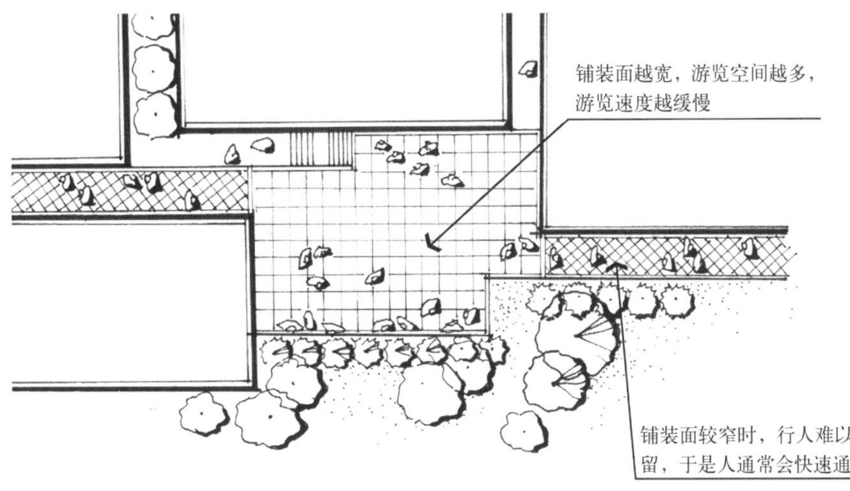

游览速度越缓慢
铺装面较窄时，行人难以停
留，于是人通常会快速通过

图 2-25 铺装面宽窄对游览速度的影响

环氧树脂
儿童活动、集体活动、运动等
大面积石材
集体活动、运动、交往等
混凝土与沥青混凝土
车行、儿童活动、集体活动、运动等
砾石、鹅卵石类
儿童活动、健身、步行、休憩、交往等
砖类
健身、步行、休憩、交往等
小面积石材
休憩、交往等
木材类
儿童活动、观赏、休憩、交往等
孔型砖、植草砖
一般用于停车场，不适宜步入

图 2-26 铺装材质对人心理认知和活动的影响

又如采用质感粗糙的材料如块石、小方石等，能够限制车行速度，暗示着步行者的优先权，加强人车混行的安全性。此外，不同的铺装材料会影响人们对行为活动的选择，如砾石、鹅卵石等较为粗糙的地面适合人们的静态游赏或儿童游乐活动，平整、光滑的路面更适合快速地通行穿越（图 2-26）。

2）美学作用

当人们身处于一个空间之内时，往往很自然地会观察脚下的地面，因为地面是最直接与人相接触的景观元素之一。因此铺装的设计对于整个景观环境的艺术性有着决定性的影响。在整体风格给人以合适、舒服的感觉的基础上，铺装能够将城市公共空间在美学上提升到另一个层次。

铺装的原料种类繁杂、效果人为可控，就为人的艺术性创作提供了很大的空间。某种意义上来说，铺装更像是人们在大地的底板上以各种色彩和形状的砖、石、木料等为素材，通过拼贴、镂刻、层铺的手段渲染出的地毯式的画卷。铺装首先能够将空间的风格基调确定下来，使其与周围建筑风格协调统一。铺装的色彩、质感、构型能够为城市公共空间带来独特的个性与美感。这些元素的合理使用能够形成空间中的情绪基调：如喧闹感、现代感、静谧感、流动感等。这其中每一种色彩、质感、构型的改变，都会对整体效果造成重要影响。

（1）影响空间比例

形体较大而开展的铺装材料会使一个空间产生宽敞的感觉，而较小而紧缩的形状则使空间产生压缩感和亲密感。用砖或条石形成的铺装形状，可被运用到大面积的水泥或沥青路面，以压缩这些路面的表面宽度。在原铺装中加入第二类铺装材料，能对空间进行亚划分，形成更容易被人感知的亚空间（图 2-27）。

（2）统一作用

在设计中，景观要素的特性会有很大的差异，但在总体布局中都在地面铺装这一底板上展开。作为其他要素与环境之间的连接体，平面二维展开的地面铺装通过不同色彩、不同纹理、不同构形，对三维空间中的各个要素起着装饰、分隔、强调、连接等作用，以自身的表面特性衬托不同的环境要素，使其与周边环境和谐统一（图 2-28）。

（3）文化暗示

地面铺装的色彩、材质、构形等对于城市空间氛围有着显著的影响，能够

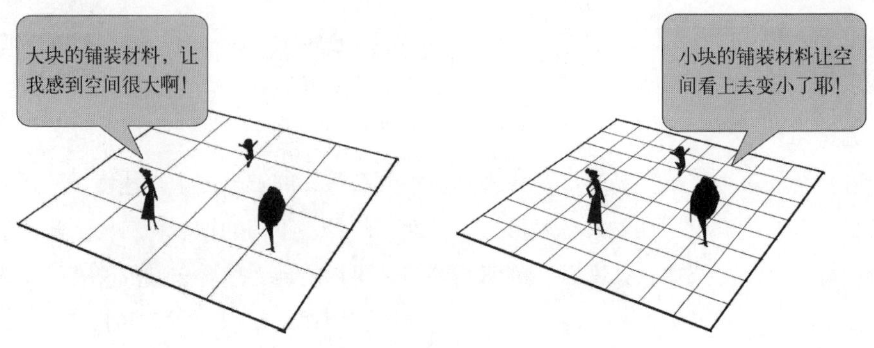

图 2–27　铺装的尺度会影响人对于空间的感知

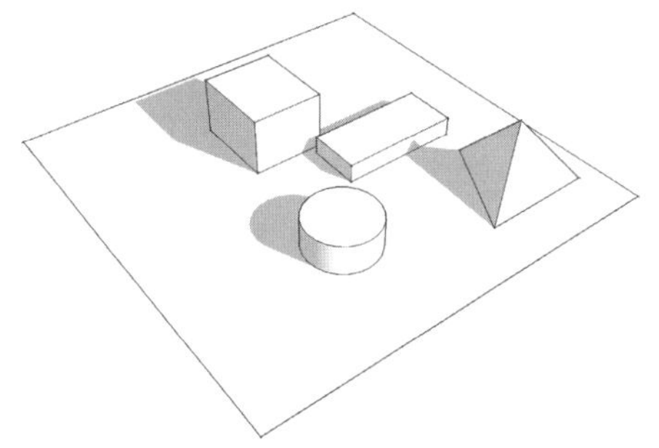
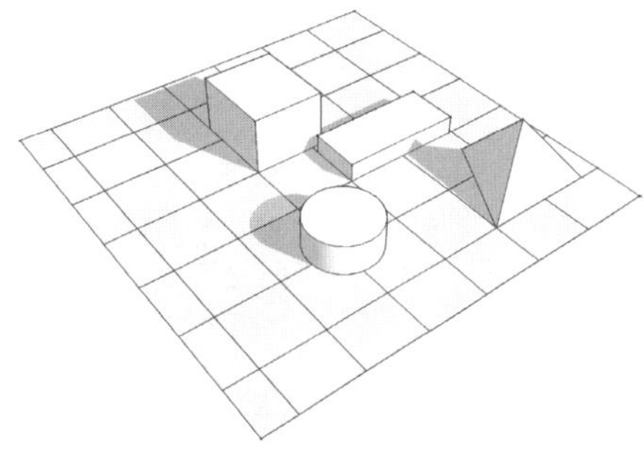

图 2-28 铺装具有统一空间各不同要素的作用

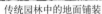

传统园林中的地面铺装

铺装的文化图案

图 2-29 铺装的文化暗示作用

营造出不同特色的空间，满足不同功能需求。例如，色彩丰富、线形活泼的铺装能够营造轻松自由的气氛，而颜色素雅、构图对称的铺装则使空间氛围更为庄重严肃；光滑、坚硬的花岗岩铺装较能彰显现代风格，而粗糙的青石、卵石与细腻的木材等铺装更能营造自然古朴的气氛。除此之外，地面铺装的巧妙设计还能够表现当地的文化特色（图 2-29）。

2.3.2 常见的铺装材料

在公共空间景观设计中，可以作为地面铺装的材料有很多，在应用时主要考虑使用的功能性、安全性、美观性、实用性、耐用性、经济性等方面的因素。这里介绍几种比较常见的地面铺装材料，如混凝土、透水混凝土、石材、砖、沥青、木材塑胶等（图 2-30）。

1）沥青

沥青铺装指以沥青作为结合料铺筑面层的路面铺装方法，又包含了沥青混凝土、透水沥青、彩色沥青等类型。沥青铺装成本较低、施工较为简单，表面平整无接缝，柔软而有弹性。沥青铺装的缺点在于对温度的敏感性较高，夏季强度会有所下降。沥青铺装常被用于车道、自行车道、停车场、活动场地等。

2）混凝土

混凝土铺装造价低廉、铺设简单、可塑性强；强度高、刚度大，具有较高

①沥青 铺装成本较低、施工较为简单，表面平整无接缝，柔软而有弹性。
②混凝土 铺装是指用混凝土铺筑面层的铺装方法，造价低廉、铺设简单、可塑性强。
③透水混凝土 比一般的混凝土的透水能力、透气性、保水性、通气性强，容重小、强度高、耐久性高。
④石材 铺装具有良好的耐久性、刚性，同时具有丰富的色彩肌理，观赏性也较强。
⑤砖 的体块较小、拼法自由，多用于小尺度的空间。砖还可以作为其他铺装材料的镶边和收尾等。
⑥砌块 铺装具有防滑、步行舒适、施工简单、造价低廉的优势，常被用于城市广场、人行道等。
⑦卵石 铺装肌理细密、装饰性强，可以拼接出丰富多样的图案，但不宜大面积的使用。
⑧木材 彩肌理自然、柔和，相对于其他材料能够给人以亲切、舒缓的感受，常被应用于栈桥、休憩平台、亲水平台等位置。
⑨塑胶 主要用于健身跑道、运动场、儿童活动场地，有颜色持久，整体性好，无接缝，排水快的特点

图 2–30 铺装材料的特性

的承载力；表面较为粗糙，具有良好的稳定性，受气候等因素的影响较小。通过一些简单的工艺，例如染色、喷漆、蚀刻等，能够设计出各种图案。混凝土铺装常被用于车道、园路、停车场等。

3）透水混凝土

透水性混凝土是由一系列与外部空气相连通的多孔结构（蜂窝状）的建筑材料混合而成的材料。这种混凝土中由于带有这种有一定空隙率的建筑材料，

而比一般的混凝土的透水能力、透气性、保水性、通气性强，容重小、强度高、耐久性高。而且透水性混凝土可以有多种方法被染色，色彩丰富的透水性混凝土为设计师的设计过程带来了各种便利与自由度。

4）石材

常见的石材有花岗石、大理石、砂石、卵石等。利用石材的不同质感、色彩以及铺砌方法能够组合出多种形式，在景观设计中应用广泛。石材铺装具有良好的耐久性、刚性，同时具有丰富的色彩肌理，观赏性也较强，既能满足使用需求也符合人们的审美需求，但造价较高。

5）砖

砖是一种历史悠久的铺装材料，铺砌方便、坚固耐久、色彩丰富，拼接方式也变化多样。利用砖本身浓厚的色彩与多样的拼接，能够形成不同的纹理图案，使得空间具有浓厚的人情味。由于砖的体块较小、拼法自由，多用于小尺度的空间。砖还可以作为其他铺装材料的镶边和收尾等。

6）预制砌块

砌块是利用混凝土、工业废料（如炉渣、粉煤灰等）或地方材料制成的人造块材，外形尺寸比砖更为灵活。砌块铺装具有防滑、步行舒适、施工简单、造价低廉的优势，常被用于城市广场、人行道等。砌块的色彩花样丰富、拼法多样，设计中能够增加空间的趣味性。

7）卵石

卵石铺装是指在基底混凝土层上铺设一定厚度的砂浆，然后将卵石平整嵌砌的路面铺砌方法。卵石铺装肌理细密、装饰性强，可以拼接出丰富多样的图案。卵石铺装不宜大面积的使用，一般不运用于主要道路，多作为辅助铺装增加空间的情趣。

8）木材

木材容易腐烂、干裂，应注意防腐处理，作为室外铺装材料不宜大面积应用。但是木材铺装也有不可替代的优点，其色彩肌理自然、柔和，相对于其他材料能够给人以亲切、舒缓的感受，常被应用于栈桥、休憩平台、亲水平台等位置。

9）塑胶

塑胶主要用于健身跑道、运动场、儿童活动场地，有着颜色持久、整体性好、无接缝、排水快的特点。

☆ 材料认知

重庆大学建筑城规学院风景园林本科作业

课程名称：形式认知与材料实验

课程目的：通过理论与实验相结合的方式，旨在深入认知材料的形式、性格及其与周围环境的相互关系。

完成要求及内容：以课程设计中的局部节点为对象，完成 1 ： 100 的模型材料作品或 1 ： 1 的实地材料作品。其中模型材料作品占地面积控制在 $1m^2$ 以内。

成果展示：1 实际成品展示；2 设计文本展示（内容应包括：设计构思、材料分析图、施工构造图、施工大样图、施工过程记录等）。

如图 2-31、图 2-32 所示。

图 2—31　作业过程记录

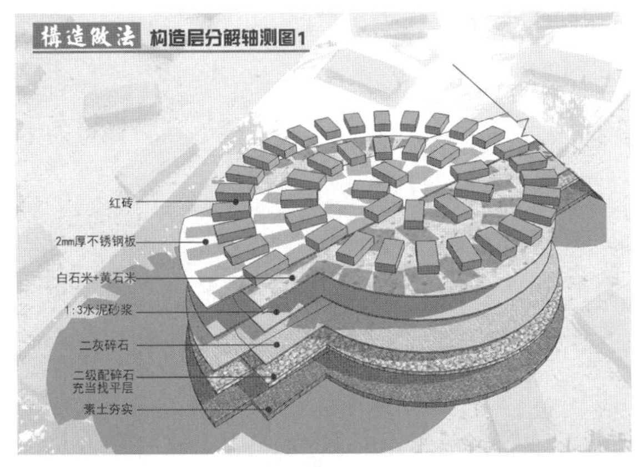

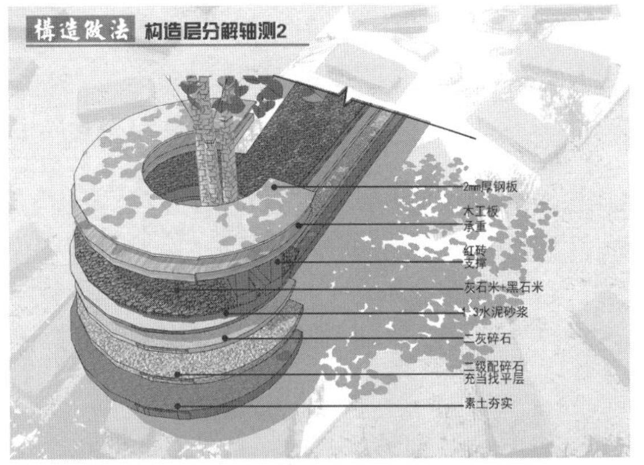

小组成员：韩玉婷、蒋雅同、和云娟、赵萌
指导老师：胡俊琦

图 2–32　材料认知作业成果

2.3.3　铺装设计

1）不同铺装材料的搭配

当砾石或卵石与大尺度石板结合时，多用来表现古朴大气的风格，但在庄重中又不失趣味性。砾石或卵石与青砖、孔型砖的结合也能够达到这种风格效果。当砾石、碎石或卵石与自然石块相结合时，呈现出趋向于自然化的山野气息的意味。

当砾石、碎石、卵石或自然石块与木砖或枕木相结合时，多体现出休闲气质，其风格是亲民、自然、自由而富有乐趣的。

当卵石与混凝土铺装相结合时，多用于新中式的铺装风格中，或者其他带有地方风情的铺装设计中。在现代化的整体感觉中，以卵石点缀出具有生活气息的韵味。

当砾石、卵石与金属或其他特色性的铺装材料结合时，能够利用其极为丰富的材料拼花和变化体现出各种灵活多变的文化特征。

当石板与枕木相结合时，一般能够在现代感的设计与自然感的景观之间寻求到一个平衡点，将人工与自然结合为一体。石板在具有现代感、人工感的同时，也能够配合多种材料进行各种风格的营造，基本上，石板是具有非常高兼容度的铺装材料。

青砖与砾石、卵石、石板石块、枕木等材料相结合后，由于青砖带有非常独特的历史感，自然感，会将空间进行一个基本定性，空间会呈现出较为明显的古朴、自然、文化韵味。

红砖也有着独特的风格，当其与砾石、卵石、石板等相结合的时候，会呈现出朴素的不加人工雕琢的风格。

透水砖与石板一样，也是兼容度非常高的铺装材料，其表现风格与拼花等元素密切相关。

彩色透水性混凝土、透水性沥青混凝土、透水性环氧树脂之间的相互结合会呈现出具有活力的运动感，十分适宜少年儿童的各种活动。在这几种材料结合之外，还可以加入卵石、彩色陶瓷片等风格明确的铺装材料进行点缀，能够将运动感和活力感推上新的高度（图 2-33）。

2）景观铺砖构形

（1）同一单元形式

块料铺装是城市公园应用最为广泛的铺装材料。将石材、木材、砖料等加

图 2-33　不同铺装材料的搭配效果

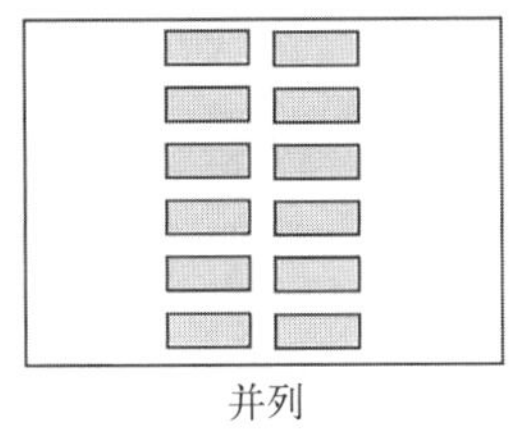

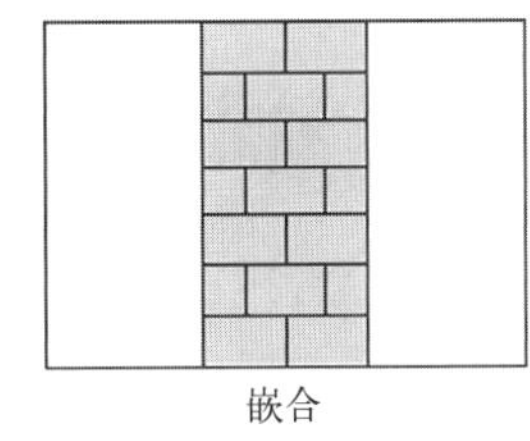

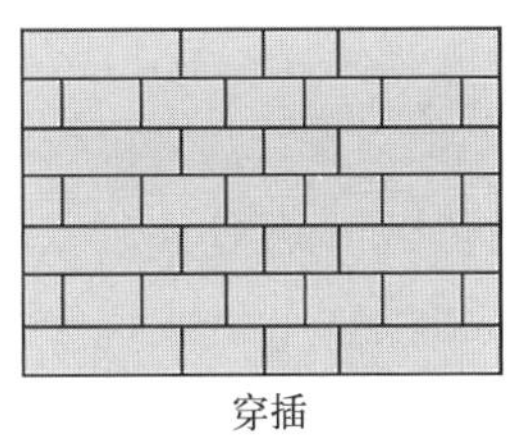

图 2–34 铺装的组合形式

工成形状、尺寸不同的单元个体，通过拼贴形成不同风格的景观地面。同单元形式只涉及单元个体，通过单一构型的位置、方向、排列及近似产生多种变化。嵌套形式是复杂化的同一单元形式，可突破铺装材料规格的限制，扩大构型单元的尺寸，体现场地的尺度感。

（2）组合单元形式

在景观铺装中，两种或两种以上的构型单元相组合，可以丰富铺装形式，增强铺装的观赏性。根据构型单元间产生联系的方式不同，可分为并列、嵌合、穿插等形式（图 2-34）。

（3）整体形式

通常沥青或混凝土在材料凝固之前，平摊形成无缝的面状铺装。随着工艺的发展，也出现了不同构型的彩色混凝土以及在混凝土上压制出图案的整体形式；另外，景观中的整体无图案的塑胶形式铺装也属于整体形式铺装。砾石、鹅卵石等小尺寸碎料也能达到类似的效果。

3）构形拼贴方法

（1）重复

相同的块料沿着一定的方向反复排列形成的连续图形就是重复。构成中，基本形可以在方向、尺寸、色彩、肌理上进行变化，但基本形形状保持不变。重复构成是最规律稳定的构成形式，节奏感强、统一性高，在铺装设计中最为常见。按排列方式不同，可分为简单重复、交错、变向、正负交错、交叠、咬合等（图 2-35）。

（2）近似

近似相比重复较为自由，每个基本形可不相同，但具有共同特征。在城市景观铺装中，最为常见的如冰裂纹、碎拼等。近似构成可以在构型单元的形状、大小、方向、肌理等做诸多变化，形成自然野趣的风格（图 2-36）。

（3）渐变

由一个基本形进行有规律、有步骤的变化，从而演变成另一种特定的基本形，产生较为强烈的透视感或空间感（图 2-37）。

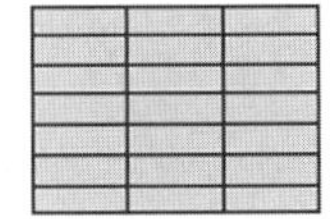
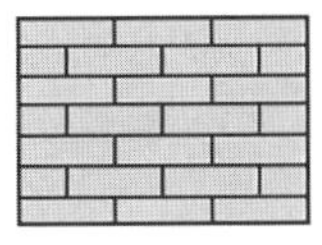
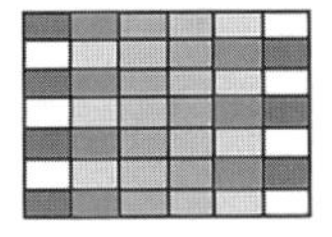
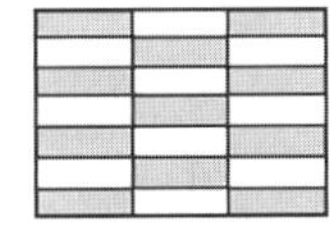
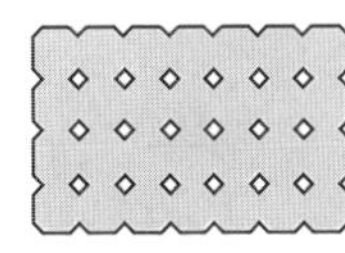

图 2–35 重复的拼贴方法

图 2–36 近似的铺装拼贴

图 2–37 渐变的铺装形式

(4) 放射

放射是构型单元围绕一个或多个中心点，向内集中或向外扩散而形成具有强烈的动感和视觉效果的构成形式。景观铺装采用发射的构型，可凸显发射中心的重要地位，故多在中心设置雕塑、花坛、水景等构筑物或特色铺装形式(图 2-38)。

此外还有一些景观铺装设计得显著区别于同质化排列的一种手段，意在打破原有的规律，利于视觉焦点以及突出重点、彰显地位。这些特异的设计往往在统一性、规律性强的构成，如重复、近似、渐变、发射等构成中穿插进行，从而彰显场地的文化内涵。

图 2–38 放射的铺装形式

2.4 植物

2.4.1 植物景观的作用

在植物景观设计中，植物主要具有三大基本功能，即生态功能、建造功能和美学功能。

1）生态功能

植物是城市生态环境的主体，在改善空气质量、除尘降温、增湿防风、蓄水防洪以及维护生态平衡、改善生态环境中起着主导和不可替代的作用。植物的生态效益和环境功能是众所公认的，因此植物造景最具价值的功能是生态环境功能。在做城市公共空间景观设计时，应当了解植物的生态习性，合理应用植物造园，充分发挥植物的生态效益，以改善我们的生存环境。

（1）净化空气：主要包含维持空气中二氧化碳和氧气的平衡；吸收有害气体；吸滞粉尘；杀灭细菌。

（2）改善城市小气候：调节气温和增加空气湿度，比如垂直绿化对于降低墙面温度有着明显的效果。

（3）降低城市噪声：林木通过其枝叶的微振作用能减弱噪声。减噪作用的大小取决于树种的特性。

（4）净化水质。

（5）保持水土、防灾减灾：树木和草地对保持水土有非常显著的功能。植物能通过树冠、树干、枝叶阻截天然降水，缓和天然降水对地表的直接冲击，从而减少土壤侵蚀。同时树冠还截留了一部分雨水，植物的根系能紧固土壤，防止水土流失等①。

---

① 臧德奎. 园林植物造景 [M]. 北京：中国林业出版社，2008.

2）建造功能

所谓植物的建造功能是指植物可以用来构成很多类似建筑设计的空间围合形式。植物能在景观中充当类似于建筑物的地面、顶棚、墙面等限制和组织空间的建造要素。植物可以用于空间中的任何一个平面，即地平面、垂直面和顶平面；同时也可以利用植物构成和限制空间形成诸如开敞空间、半开敞空间、覆盖空间、完全封闭空间、垂直空间等；从建筑角度而言，植物也可以被用来完善由楼房建筑或其他设计因素所构成的空间布局，从而形成连续的空间层次(图 2-39~ 图 2-41)。

开敞空间

利用较为低矮的植物界定空间，空间外向、开敞、无私密性。选用的植物有低矮灌木、草坪地被植物、草本花卉等。

半开敞空间

较高的植物部分封闭了空间的一面或多面，与开敞空间相比开敞程度较小，具有朝向开敞面的方向性。选用的植物有乔木、灌木等。

覆盖空间

利用具有浓密树冠的乔木，形成顶部覆盖而四周开敞的空间。如选用植物

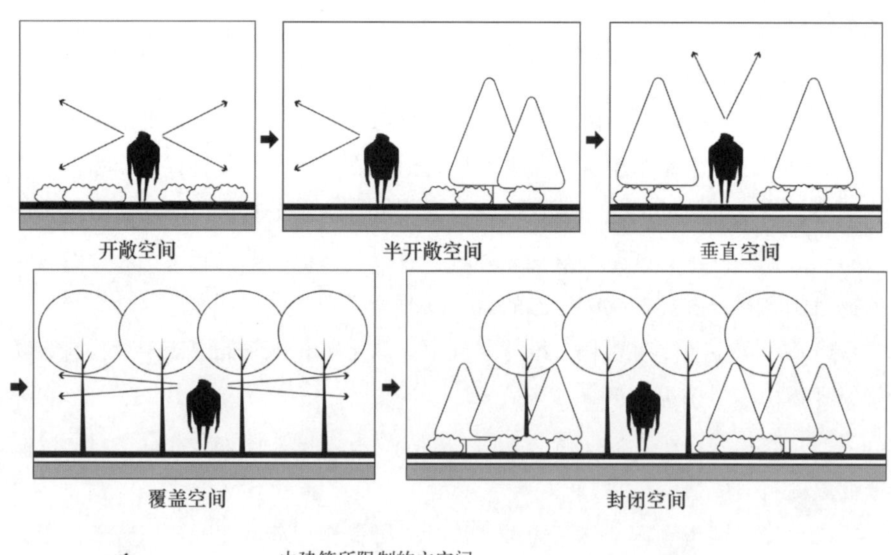

图 2–39　植物的空间作用类型

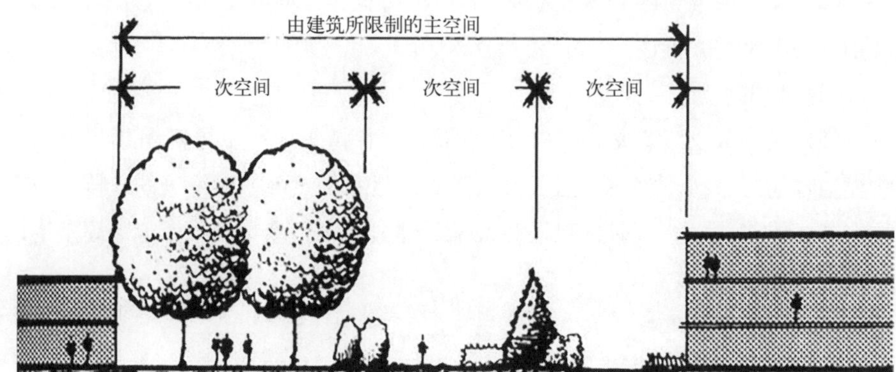

图 2–40　利用植物的建造作用分隔空间
图片来源：诺曼 K. 布思 . 风景园林设计要素 [M]. 北京：中国林业出版社，1989.

图 2–41 植物以建筑的方式围合、引导、联系空间
图片来源：（美）诺曼 K. 布思. 风景园林设计要素 [M]. 中国林业出版社，1989.

为落叶乔木，则夏季封闭感较强，冬季封闭感较弱。

垂直空间

利用形态高耸的植物形成方向直立、朝天空开敞的室外空间。常将枝叶浓密的植物修剪城圆锥形，形成垂直向上的空间态势。

完全封闭空间

此类空间与覆盖空间类似，但四周被中小型植物围合，形成垂直面上的空间界限，具有较强的隐私性和隔离感。

3）美学功能

从美学的角度来看，植物可以在外部空间内将建筑与其周围环境联结在一起，统一和协调环境中其他不和谐因素，突出景观中的景点和分区，减弱构筑物粗糙呆板的外观，限制和引导视线。

植物造型柔和、较少棱角，颜色多为绿色，令人放松。因此在建筑物前、道路边沿、水体驳岸等处种植植物，可以起到软化的作用。在城市街道中重复连续的行道树使得复杂多变的街道在视觉上具有整体性。

此外，植物会随季节而变化，春日桃红柳绿，夏日莲荷竞放，秋日霜叶如染，冬日寒梅傲雪。有的植物四季叶色变化明显，有的植物花果观赏价值高，有的植物在冬季落叶后枝干姿态优美。在公共空间的植物配置中，植物的形态与色彩对景观十分重要，配置效果要注意四季叶色变化与花果交替规律，有两个季节以上的鲜明色彩为好（图 2-42、图 2-43）。

☆ 知识拓展

作为植物美学功能的一个延伸，植物还具有一定的文化含义，它们构成了植物的潜在特征。熟悉并且掌握某些植物的文化内涵，是对植物特征的更深理

图 2–42　不同季节的植物景观

图 2–43　植物的协调与柔化

解。在城市公共空间中运用植物材料时可以考虑植物的文化内涵，来表达设计思想，体现景观主题，烘托场地氛围，使城市公共空间具有更高的文化品位。如纪念性的城市公共空间，为突出庄严肃穆的气氛，多用常绿松柏类植物对称列植。对于有特殊景观主题的公共空间，选择与主题相关的植物来激发人们的想象，帮助人们理解景观主题，如：

象征君子比德

岁寒三友——松、竹、梅

四君子——梅、兰、竹、菊

松、柏——松柏苍劲古雅，不畏霜雪风寒的恶劣环境，能在严寒中挺立于高山之巅，常被赋予坚贞不屈、高风亮节和不朽的品格，它苍劲挺拔，姿态优美，能够营造出古朴、凝重、岁月久远的空间氛围。

梅——高逸超迈、不屈不挠的道德人格的体现

兰——高雅脱俗、飘逸潇洒、幽深淡雅的象征

竹——是风流名士的理想化身，虚心、高洁、坚贞、高尚的象征

菊——傲霜独立、洁身自好的象征

荷花——廉洁朴素、出淤泥而不染的品格象征，清新脱俗的水中君子

木棉——英雄树，比喻英雄奋发向上的精神

代表美好祝愿

玉堂富贵春——玉兰、海棠、牡丹、桂花

梅——梅开五瓣，象征五福，即快乐、幸福、长寿、顺利与和平

牡丹——象征富贵、繁荣、昌盛

桃李——门徒众多

紫薇——尊贵吉祥

榉树——比喻达官贵人

石榴——多子多福

柑橘——吉祥如意，大吉大利

刺桐——吉祥如意

山茶——胜利花

合欢——寓意夫妻和睦，家人团结

寄托情感

垂柳——依依惜别

桑树、梓树——比喻故乡

菩提树、无忧树、娑罗树、莲花、竹、贝叶棕、七叶树、文殊兰、石蒜、瑞香、曼陀罗花——常见的佛教植物

龙柏、圆柏、雪松——庄重、肃穆、纪念意味

2.4.2 植物设计的基本形式

树木配置的形式多种多样、千变万化，但可归纳为两大类，即规则式配置和自然式配置。

规则式又称整形式、几何式、图案式等，是把树木按照一定的几何图形栽植，具有一定的株行距或角度，整齐、严谨、庄重，常给人以雄伟的气魄感，体现出一种严整大气的人工艺术美，视觉冲击力较强。

自然式又称风景式、不规则式，植物景观呈现出自然状态，无明显的轴线关系，各种植物的配置自由变化，没有一定的模式。树木种植无固定的株行距和排列方式，形态大小不一，自然、灵活，富于变化，体现柔和、舒适、亲近的空间艺术效果。

在城市公共空间景观设计中植物种植有几种常见的基本形式，如孤植、对植、列植、丛植、群植等（图 2-44）。

1）孤植

在较为开敞广阔的公共空间中，单独种植一株乔木称为孤植。孤植的做法多处于视觉中心形成主景，也可起引导视线的作用，并可烘托建筑，具有强烈的标志性、导向性和美学作用。孤植树主要突出表现单株树木的个体美，一般

图 2-44 孤植、对植与列植

为大中型乔木，寿命较长，既可以是常绿树，也可以是落叶树。要求植株姿态优美，或树形挺拔、高大雄伟。

2）对植

将树形美观、体量相近的同一树种，以呼应之势种植在构图中轴线的两侧成为对植。对植多选用树形优美的树种，常用于建筑前、广场入口、大门两侧等，起衬托主景的作用，或形成配景、夹景，以增强透视的纵深感。

3）列植

树木呈带状的行列式种植称为列植，有单列、双列、多列等类型。列植主要用于公路、城市街道、广场、大型建筑周围、水边等。列植树木要保持两侧的对称性，平面上要求株行距相等，立面上树木的冠径、胸径、高矮则要大体一致。当然这种对称并不一定是绝对的对称，如株行距不一定绝对相等，可以有规律地变化。列植树木形成片林，可作背景或起到分割空间的作用，通往景点的园路可用列植的方式引导游人视线（图 2-45）。

4）丛植

由 2~3 株至 10~20 株同种或异种的树木按照一定的构图方式组合在一起，使林冠线彼此密接而形成一个整体的外轮廓线，这种配置方式称为丛植。这种植物群体形象美是通过树木个体之间的有机组合与搭配来体现的，彼此之间既有统一的联系、又有各自形态变化。

我国画理中有“两株一丛的要一俯一仰，三株一丛要分主宾，四株一丛的株距要有差异”的说法，这也符合植物配置构图。在丛植中，有两株、三株、四株、五株以至十几株的配置，都可以遵循上述构图原则（图 2-46）。

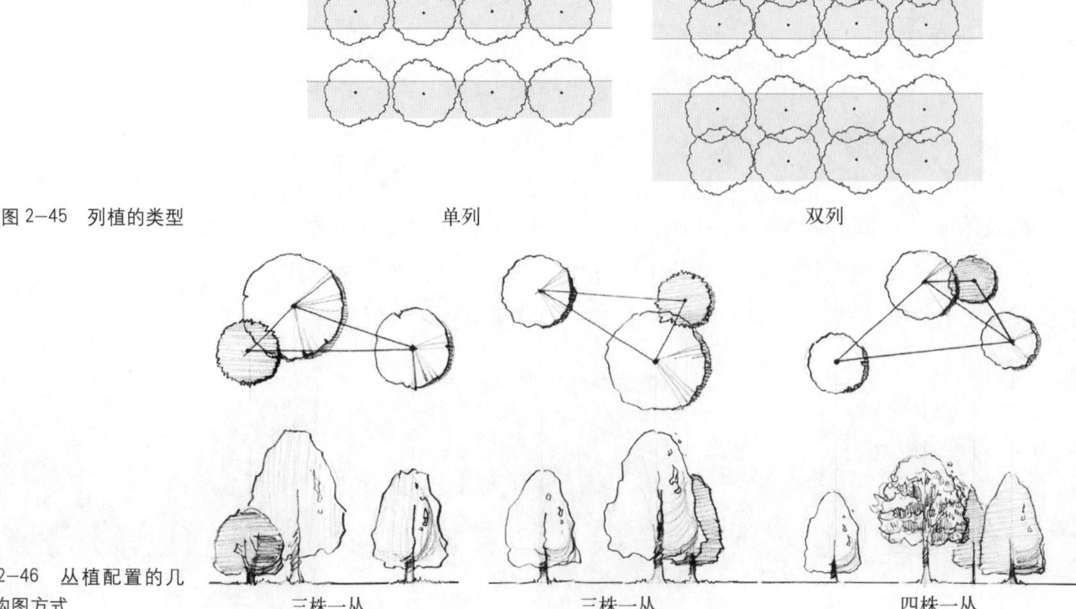

图 2–45 列植的类型

图 2–46 丛植配置的几种构图方式

图 2-47 群植的结构层次

图 2-48 城市中的建筑与植物
图片来源：上林国际文化有限公司.EDSA 亚洲景观手绘图典藏 [M]. 北京：中国科学科技出版社，2005.

5）群植

群植指成片种植同种或多种树木，通常包含乔灌木的组成。从结构上可分为乔木层、亚乔木层、大灌木层、小灌木层和草本层（图 2-47）。

2.4.3 植物与建筑的互动

园林植物与建筑的配置是自然美与人工美的结合，处理得当，二者关系可和谐一致。植物丰富的自然色彩、柔和多变的线条、优美的姿态及风韵都能增添建筑的美感，使之产生出一种生动活泼而具有季节变化的感染力、一种动态的均衡构图，使建筑与周围的环境更为协调。植物与建筑的互动关系主要表现在空间上的围合与协调、视线上的引导与遮蔽、构成上的融合与渗透，以及统一、强调和识别等方面的作用（图 2-48）。

1）围合与协调

植物和建筑一样可以围合空间。建筑是由墙、顶棚和地板围合而成，而植物在公共空间中也可以充当围合空间的要素。在城市公共空间中植物可以与建筑共同围合空间，协调广场、街道空间（图 2-49）。

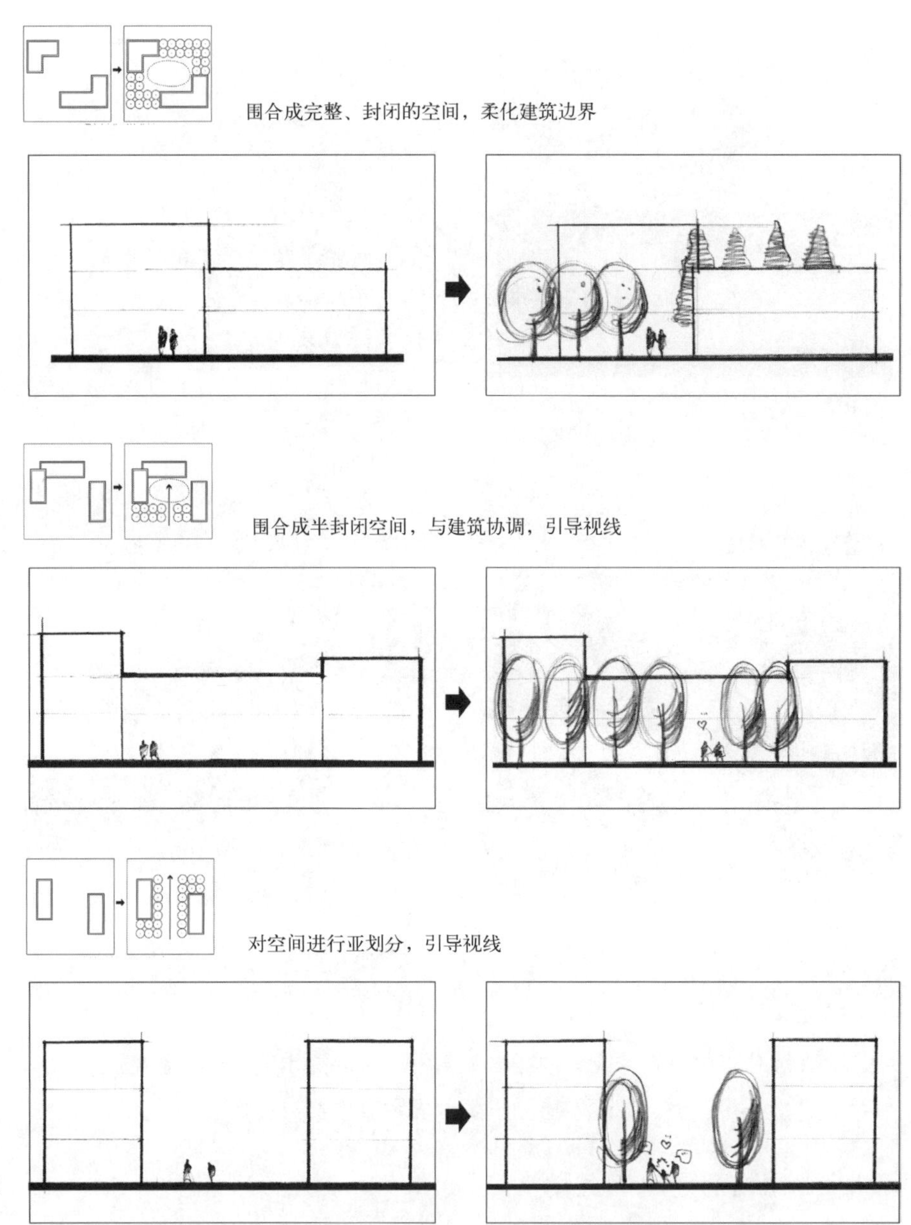

图 2-49 植物的空间围合作用

2）引导与遮蔽

植物材料如直立的屏障，不但能控制人们的视线，遮掩不雅观的景物，而且能创造出不同特色的景观。由于植物具有屏蔽视线的作用，因而空间私密感的程度将直接受植物的影响。如果植物的高度高于 2m，则空间的私密感最强；齐胸高的植物能提供部分私密性；而齐腰的植物则难以提供私密感。空间的私密性与人们视线所及的远与近、宽与窄也很有关系（图 2-50）。

利用植物、人、建筑物的视点与位置关系可以引导或遮蔽景观视线，从而组织公共空间序列和影响人在空间中的行为活动（图 2-51）。

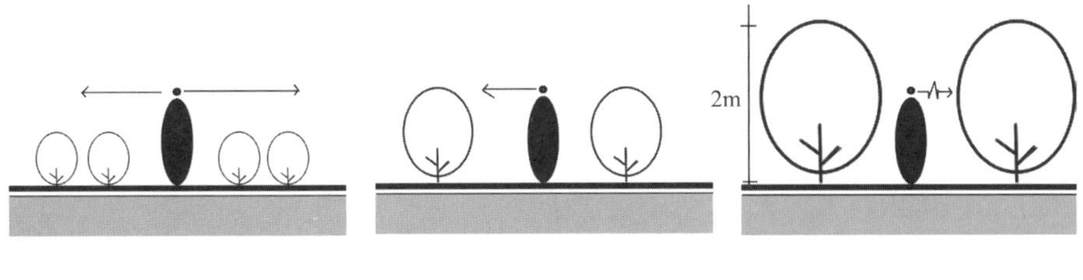

图 2-50　植物高度与空间的视线关系

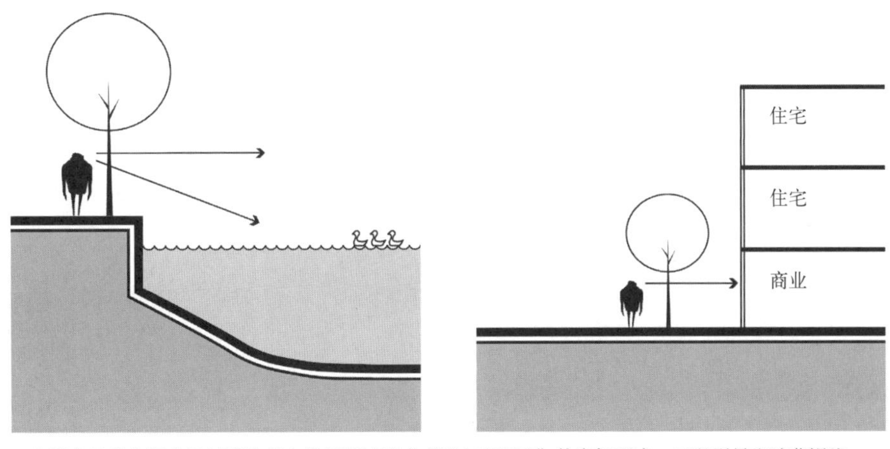

在城市公共空间中通过种植高大的行道树形成“围上不围下”的空间形式，可以引导和遮蔽视线。

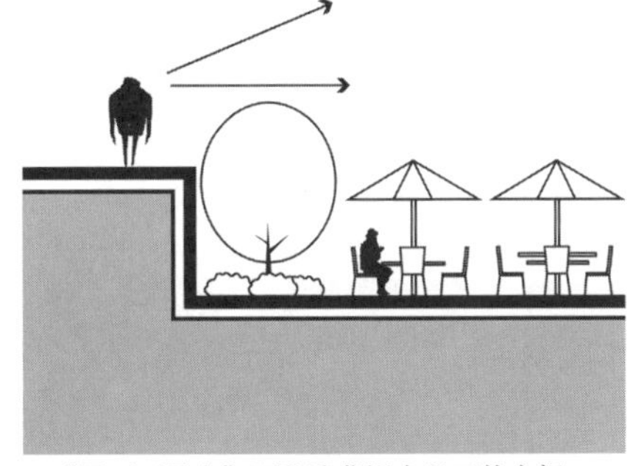

“围下不围上”可以遮蔽视点以下的空间

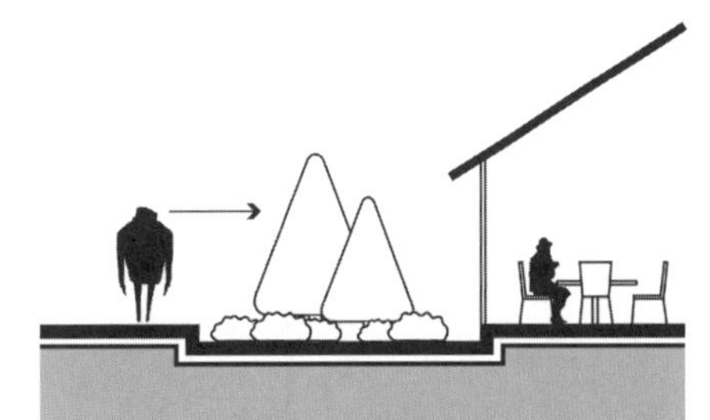

利用植物保护有私密性要求的空间

图 2-51　植物对空间的引导或遮蔽

3）融合与渗透

从城市整体景观风貌上看，城市建筑的屋顶绿化、垂直绿化等做法可以很好地维系城市景观在空间形态、生态功能和视觉感知上的连续性和统一性，形成建筑与植物之间的相互融合渗透关系，特别是像重庆、贵州、香港等这类山地城市，建筑屋顶极有可能就是城市中重要的公共活动空间，因此立体化的建筑绿化可为城市空间增添景观植物景观层次的维度，促进城市中建筑与植物景观的有机融合（图 2-52）。

4）统一

植物通过重现或延伸建筑轮廓线使建筑物和周围环境相协调，构成视觉上的统一协调效果（图 2-53）。

5）强调

植物可以通过与建筑截然不同的大小、形态、色彩等特性，从而凸显或强调建筑的空间形态与造型特征（图 2-54）。

西班牙圣伊萨贝尔广场绿墙咖啡厅

日本难波公园的屋顶绿化

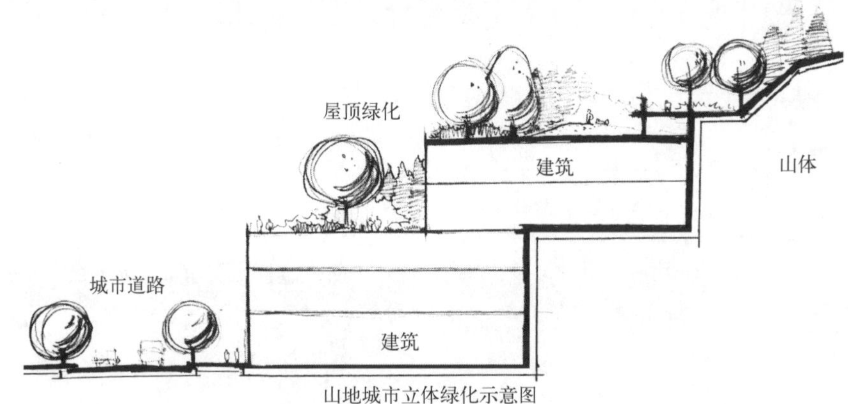

山地城市立体绿化示意图

图 2-52 建筑与植物之间的相互渗透

图 2-53 建筑与植物的互补统一
图片来源：（美）诺曼 K. 布思. 风景园林设计要素 [M]. 中国林业出版社，1989.

图 2-54 植物的强调作用
图片来源：（美）诺曼 K. 布思. 风景园林设计要素 [M]. 中国林业出版社，1989.

6）识别

植物能使景观具有识别性，这种识别性主要体现在两个方面。

一是空间上的识别性，即植物能作为空间的焦点，强化空间特征，如在公共空间的出入口、重要雕塑的周围等位置，利用植物特殊的大小、形状、质地和排列方式，衬托某些景物的重要性与特征，增强可识别性。

二是地域上的识别性，即本土植物能体现地方特色，如棕榈科植物的种植使景观带有强烈的热带特征，而杨树、白桦等则体现着豪迈粗犷的北方气质，黄葛树则有着鲜明的重庆特色。

2.5 水景

人与生俱来的亲水性是对水这一景观设计要素广泛应用的重要原因，并且水体是一种具有高度可塑性和弹性的设计要素，水体可以根据设计条件的变化产生许多出人意料的惊喜效果，从而提升城市公共空间的趣味性，激发人的想象或意境。

2.5.1 水景的空间作用

水景设计中通常需要考虑其对空间的影响和作用。一般来说水景对于城市公共空间有着限定空间、联系空间和形成视觉焦点的作用。

1）限定空间

利用水面限定空间效果较为自然，人们的视觉和行为在无意中得到了控制。水面对于空间的限定是平面上的，视觉上具有连续性和渗透性。正因如此，水面还同时具有控制视距的作用，达到突出和渲染景物的艺术效果（图 2-55）。

2）联系空间

水能够作为一种关联要素，将散落的空间和景点连接起来产生统一感，形成线状或面状的整体空间。即使设计中没有较大的水体，但在不同的空间中对水这一元素的重复安排，也能够加强空间之间的联系（图 2-56）。

3）视线焦点

将景观效果良好、容易引人注目的水景如喷泉、瀑布、水帘、水墙等安排在向心空间的焦点上、轴线的焦点上、视线容易集中的位置时，水景就成为空间的视觉焦点（图 2-57）。

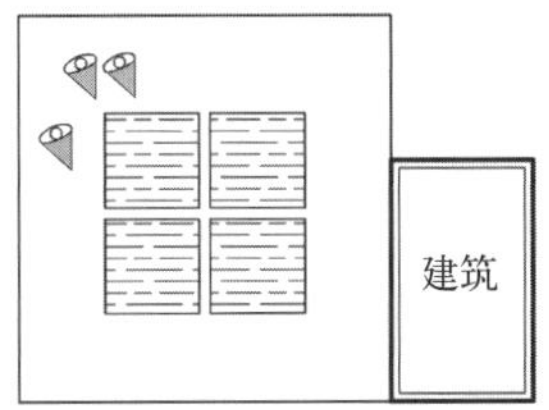

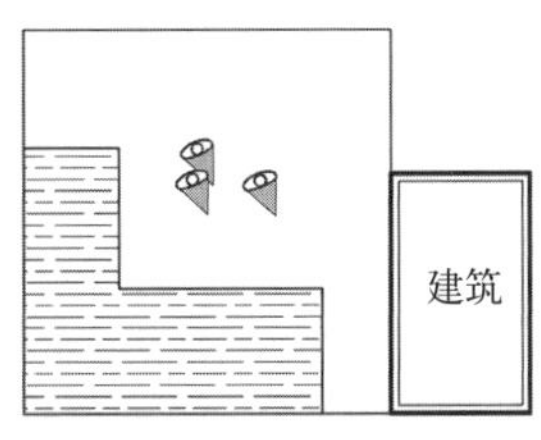

图 2–55 水景的空间限定作用

图 2–56 利用水景联系空间（左）
图 2–57 水景的焦点作用（右）

2.5.2 利用水景营造氛围

1）营造静态的空间

静水景观具有平静、空灵、轻盈之美，适用于地形平坦无明显高差变化的场地。

镜像效果是静水最重要的表现内容，水面周边建筑、植物、景观小品等的倒影能够增加空间的层次，为赏景者提供了新的透视点。静水景观设计应充分考虑与其他景观要素的结合，避免空洞平淡。水形的选择应根据实际环境的需要，营造寂静肃穆或轻松愉悦的氛围。静水耗水、耗能较小，但应注意水质的维护与对环境的生态效益（图 2-58）。

2）营造动感的空间

动水景观指具有运动特征的水体，如流水景观、跌落的瀑布、滑落的水景、喷泉等，具有活泼、灵动之美，结合水声、光效，形成丰富多彩的景观焦点，使室外环境增加活力与乐趣（图 2-59、图 2-60）。

除了可以带来景观感受的不同，因为人具有天生的亲水趋向，公共空间中的水能够增加空间的可参与性和吸引力，给使用者带来各种乐趣。无论是游泳、

图 2–58 静水景观（上）
图 2–59 动水景观的几种类型（下）

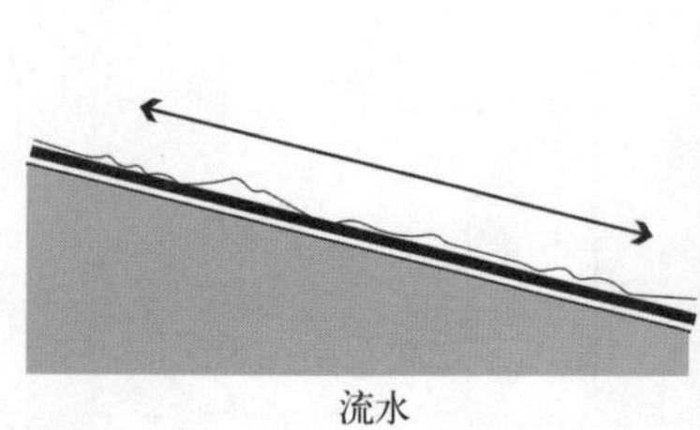

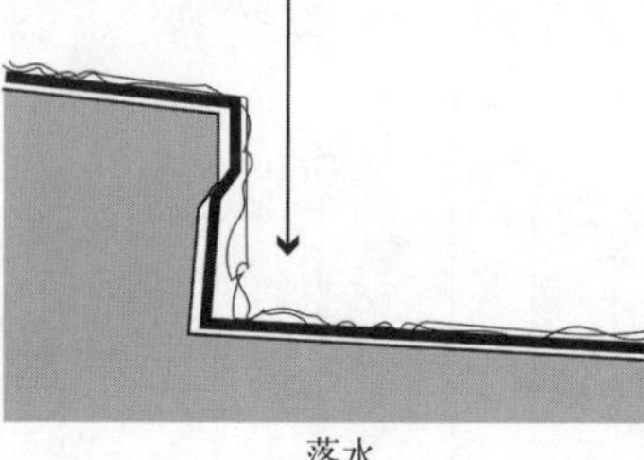

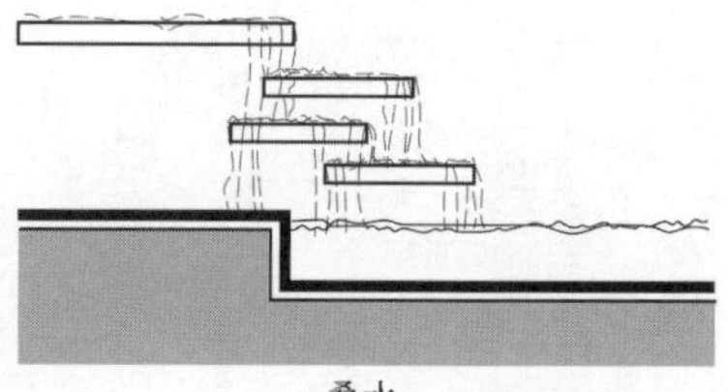

图 2–60 动水景观

垂钓、划船、溜冰等运动休闲活动，还是简单的亲水、戏水活动，人们都能在其中找到乐趣。开发水体作为娱乐的同时，应注意考虑整体景观效果，并保护水源、水体（图 2-61）。

宁静
沉思
永恒
平和
冥想

哈哈哈我来了！
玩水美滋滋

活跃
舞动
刺激
欢快

图 2–61 利用水景营造各种各样的环境氛围

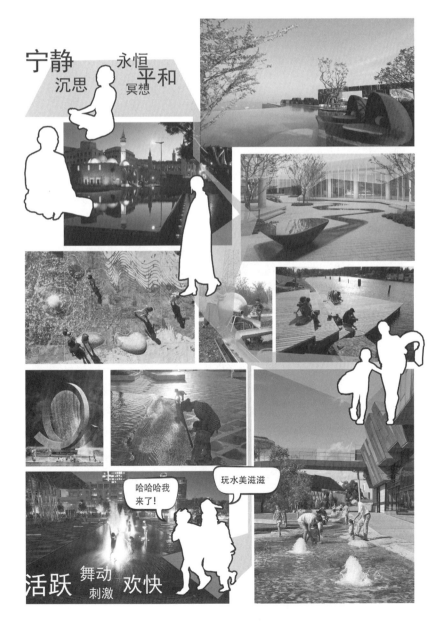

2.5.3 水景的环境功效

1）调节气候

水可以通过蒸发来调节室外环境空气和地面温度，无论是池塘、河流或喷泉，其附近空气的温度一定比没有水的地方低。大面积的水域对于周围环境的空气温度、湿度的影响尤其显著，夏季水面吹来的微风具有凉爽作用，冬季水面的热风能使附近地区更温暖。此外，水与空气中的分子撞击能够产生大量的负氧离子，具有一定的清洁作用，有利于人们的身心健康。

2）控制噪声

城市公共空间中利用瀑布或流水的声响可以减弱噪声，特别是在城市中有较多的汽车或人群嘈杂的环境中，利用水景可以营造一个相对宁静的气氛。例如纽约曼哈顿的佩里公园，利用挂落的水墙，阻隔了大街上的交通噪声，营造轻松愉悦的氛围，使人们远离城市的混乱和紧张。

2.6 景观小品

景观小品指的是室外环境中供人们使用或是构成视觉景观的小型公共设施，它们通常尺度较小、造型丰富。这些景观小品是城市公共空间中的点睛之笔，它可以丰富空间层次、增加景观的多样性，具有很高的审美和实用价值。有的景观小品不但能够丰富人们公共活动游憩空间，还具有很高的艺术价值，形成景观视觉亮点，甚至成为城市公共空间中的标志物。因此，景观小品是丰富城市公共空间形态和提升城市环境品质重要的设计模块之一。

2.6.1 景观小品的作用

1）实用功能

城市公共空间中的景观小品首先是能够给人们提供活动所需的各种实用性设施，如服务亭、路标牌、休闲座椅、路灯等。这些室外设施因能为市民提供户外活动的便利也被称为城市家具。这些实用性的城市家具有着明确的功能：如指示牌、路标等具有公共导向功能；置于街道、广场的室外座椅能为城市居民提供休憩、沟通交流的空间场所；护栏围墙、栏杆等是保证居民安全的防护设施等。丰富多样的景观小品能够满足城市公共空间中人们活动时的不同需求，这是景观小品实用功能的体现。

2）审美功能

景观小品除了具有实用性功能，还有装饰美化城市空间和传播城市文化的作用，透过城市中的景观小品，人们观赏其形态创意，还能够从中品味城市文化精神。特别是那些作为城市公共艺术的景观小品，造型独特优美，富有城市地域特征，提高城市景观形象的同时还能为市民营造良好的地域文化环境，树立地方文化自信，提升地方人们的文化认同感。因此，通过景观设计，景观小品还能成为地方文化和历史记忆的空间载体（图 2-62）。

3）空间功能

如能把多个景观小品有序地组织到一起，从而形成协调统一、有趣变化的系列组景，不仅能够最大限度地满足使用，还能对较大的空间进行亚划分，满足造景、美化、使用、集约等多方面的空间功能需求（图 2-63）。

图 2-62 景观小品可以丰富空间层次从而达到美化空间的作用

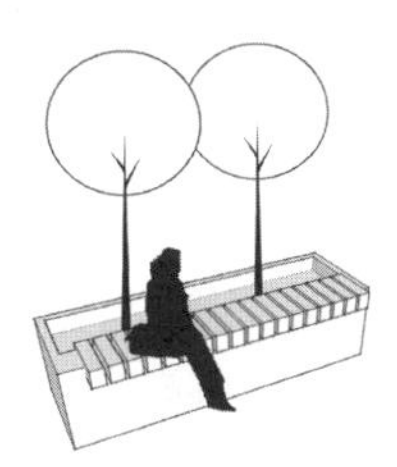
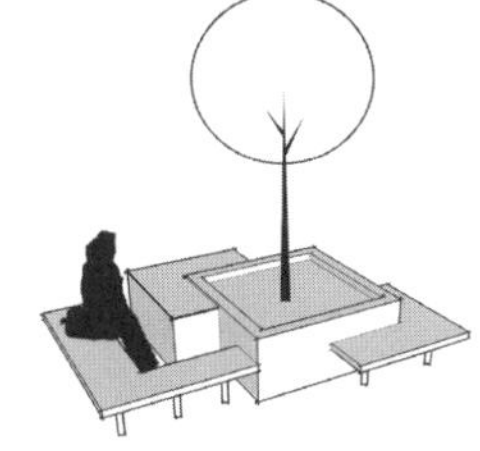

图 2-63 景观小品的空间作用

2.6.2 景观小品的类型

空间功能类：包括室外座椅、遮阳伞、观景亭、等供人休憩或停留的景观设施，以及护栏、景墙、围墙、沟渠等阻拦或引导人流的景观设施。

公共服务类：售货亭、果皮箱、饮水台、洗手钵、电话亭等为大众提供公共服务的景观设施。

标识导示类：包括装置艺术、雕塑、灯塔等具有标识性的景观复合小品，以及标志牌、警示牌、告示牌等为人们提供信息指引的导示设施。

美化装饰类：包括花池、树池、景观灯柱等，外观别致、独具风味，能够美化城市环境，展现城市特色的景观小品。

康健娱乐类：健身设施、儿童游戏设施等为人们提供娱乐健身项目的景观小品。

此外，还有交通岗亭、电话亭、消防栓、路灯等城市市政公用设施。

以上所述见图 2-64、图 2-65。

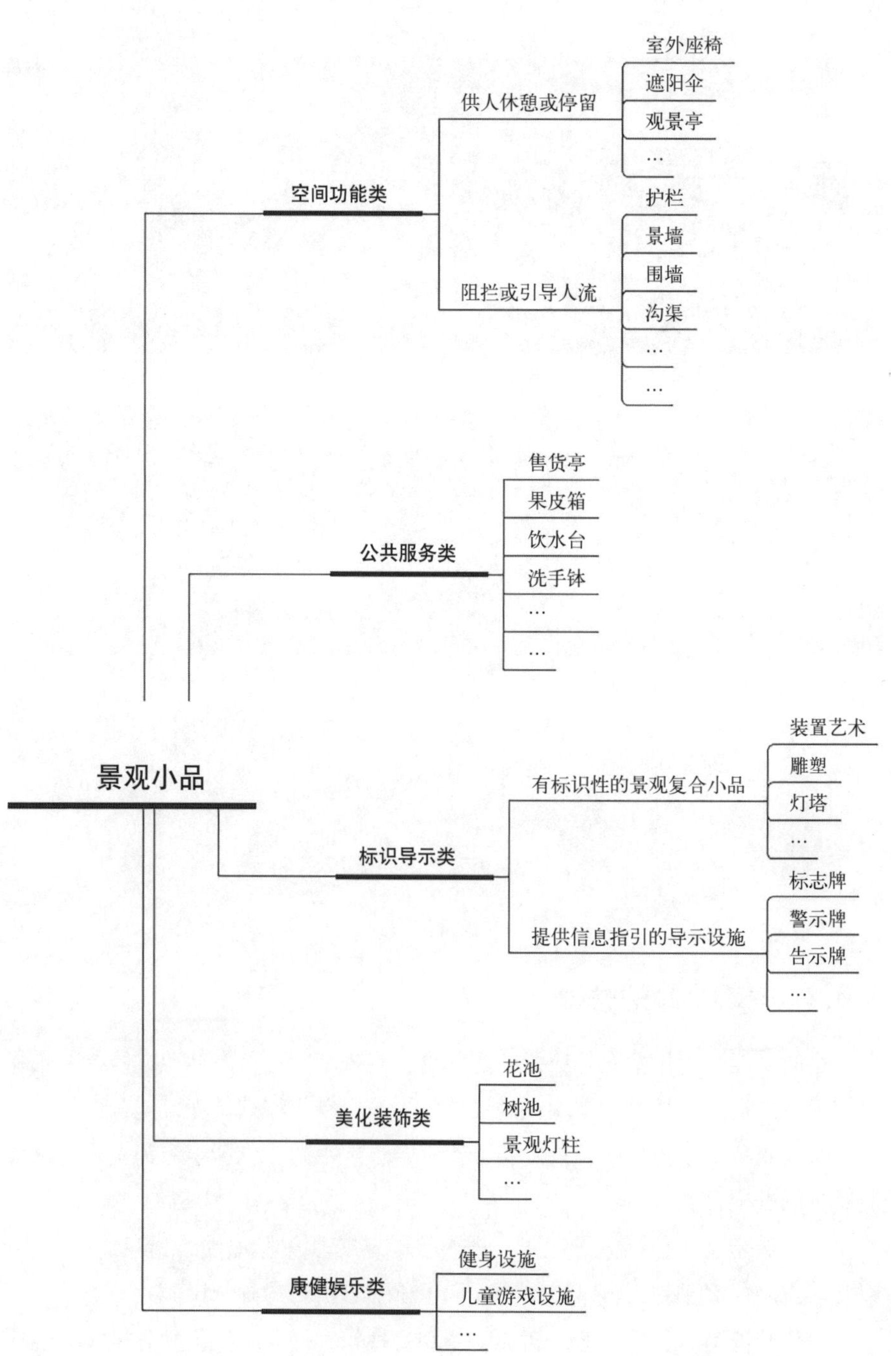

图 2–64 城市公共空间中的景观小品系统

座椅　健身设施

阻拦引导：景墙　标志：雕塑

植物种植：树池　信息指示：标志牌

照明：草坪灯

图 2-65 各种类型的景观设施

2.7 推荐读物

1.（美）诺曼 K. 布思 . 风景园林设计要素 . 中国林业出版社，1989.

2. 约翰 · O · 西蒙兹 . 景观设计学：场地规划与设计手册 . 中国建筑工业出版社，2009.

3. 夏义民等 . 园林与景观设计，重庆建筑工程学院，1986.

4. 约翰 · 莫里斯 · 迪克逊 . 城市空间与景观设计 .

5. 尼古拉斯 · T · 丹尼斯，凯尔 · D · 布朗 . 景观设计师便携手册 . 中国建筑工业出版社，2012.

6. 托伯特 · 哈姆林 . 建筑形式美的原则 . 中国建筑工业出版社，1982.

7. 程大锦 . 建筑 ：形式空间和秩序 . 天津大学出版社，2005.

8. 苏雪痕 . 植物造景 . 中国林业出版社，1994.

9. 臧德奎 . 园林植物造景 . 中国林业出版社，2008.

10. 理查德 · L. 奥斯汀 . 植物景观设计元素 . 中国建筑工业出版社，2005.

11. 克劳斯顿 . 风景园林植物配置 . 中国建筑工业出版社，1992.

12. 阿斯特里德 · 茨莫曼 . 景观建造全书 ：材料 · 技术 · 结构 . 华中科技大学出版社，2016.

13. 刘晓明，陈伟良 . 生态景观施工新技术 . 中国建筑工业出版社，2014.

14. 玛格丽丝，罗宾逊 . 生命的系统 ：景观设计材料与技术创新 . 大连理工大学出版社，2009.

第3章 相关理论与设计方法

相关理论概述

- 环境行为学
- 场所理论
- 形式美法则
- 景观生态学

设计方法解析

- 空间的限定与组织
- 行为活动调查与分析
- 景观体验设计
- 生态景观设计
- 造景与意境

总结与思考

推荐读物

3.1 相关理论概述

“公共性”是城市公共空间的基本内涵，公共性决定了城市公共空间景观设计的服务对象不是个人，而是生活在城市中的广泛人群，是为了给他们提供好的公共活动与生活的场所。与此同时，景观设计不仅是为了给城市创造出美好的视觉景观形象，还要综合考虑更多具体的、多方面的社会现象和城市问题，如城市公共利益、城市职能属性、地域文化、地方文脉、使用者的行为心理、城市的生态环境、地理气候等。因此风景园林师在设计中需要应用到环境行为学、心理学、美学、城市学、社会学、生态学、历史学、地理学等多个学科的相关理论和知识，它与许多领域的理论知识都有紧密的关系。凯文·林奇曾经说，你要成为一个真正合格的景观和城市的设计师，必须学完 270 门课。可以说，城市公共空间景观设计是一门综合了大量自然和人文科学的学问。在大量的学科理论知识中，本书选取了以下与城市公共空间景观设计联系最为紧密的几个相关理论进行详细讲解。

3.1.1 环境行为学

环境行为学（Environmental behavior）是研究人类的行为（包括经验、行动）与其相应的环境（包括物质的、社会的和文化的）二者之间的相互关系的一门学科。可以通过应用环境行为学的基本理论、方法和概念，了解物质空间活动以及人对空间环境的心理和行为反应，从而反馈到景观设计中，以此来改善人类的生活环境。基于对人的环境行为与心理的研究可以将人们的活动习惯和设计师的感觉经验上升到理论和科学的高度，为公共空间设计提供了科学依据。

人性化理念贯穿环境行为学研究的始终，运用环境行为学的研究方法和研究结果，可改善城市公共空间环境品质，为创造人性化的高品质公共空间提供重要的理论依据。从人的角度去研究城市公共空间是提高公共空间品质的有效途径。用环境行为学的方法指导公共空间的营造，既能创造一个亲切宜人的场所，也能激发和提升城市公共空间的活力。

丰富多彩的活动是构成城市公共空间的重要组成部分，也是形成城市活力的基本条件之一。城市公共空间中人的行为活动有以下几个特点：

1）多样性，即行为活动的差异性，公共空间是城市中公共活动的“发生器”，具有公众性和公共性的特征，因而在其中产生的行为活动自然也是多样性的。

2）复杂性：公共空间往往会受到来自城市多方面的影响，因而活动人群的类型、行为、活动区域等都具有一定的不确定性和复杂性。

3）时效性：一天之中，在城市公共空间产生的行为和活动并非均值或线性发展的，而是受到城市周边业态环境、建筑功能、交通区位等因素的影响，具有时效性特征，如办公区的广场在通勤高峰期人来人往，居民楼附近的绿地每逢傍晚时分热闹非凡。

4）指向性：虽然公共空间人的行为活动有着多样性和复杂性特征，但也是具有一定的指向性，因为人的行为活动正常情况下是有目的性的，如上班、购物、散步、约会等，我们可以通过设计前期对场地及周边的分析，对这些活动的产生做出预判。

5）群体性：从基因学的角度上讲，人本身就具有从众性，在公共性的城市空间中，群体性活动发生的概率变得更高，如儿童的活动通常就是成群结队的，如今中老年人所乐忠的广场舞也是一种群体性活动，这些活动时常发生在城市的公共空间中。

3.1.2 场所理论

诺伯舒兹在其著作《场所精神——迈向建筑现象学》中认为，场所是具有清晰特性的空间，它是生活发生的地方，是由具有物质的本质、形态、质感及颜色的具体的物所组成的一个整体，从而提出“场所精神”一词，并认为“场所精神”包含了方向感（Orientation）和认同感（Identification）两种精神属性。只有当方向感和认同感这两种精神状态得到完全发展时，人才会产生对场所的真正依赖，即归属感。

图 3–1 古罗马城市的广场

古罗马城市一般都有广场，开始是作为市场和公众集会场所，后来也用于发布公告，进行审判，欢度节庆，甚至举行角斗。场所精神源于古罗马的想法，即地方保护神。古罗马人认为，每一种“独立的”本体都有自己的灵魂，守护神灵这种灵魂赋予人和场所生命，自生至死伴随人和场所，同时决定了他们的特性和本质（图 3–1）。

1）方向感

方向感就是人在明辨方向的同时，明确自己与场所关系、获取方位的能

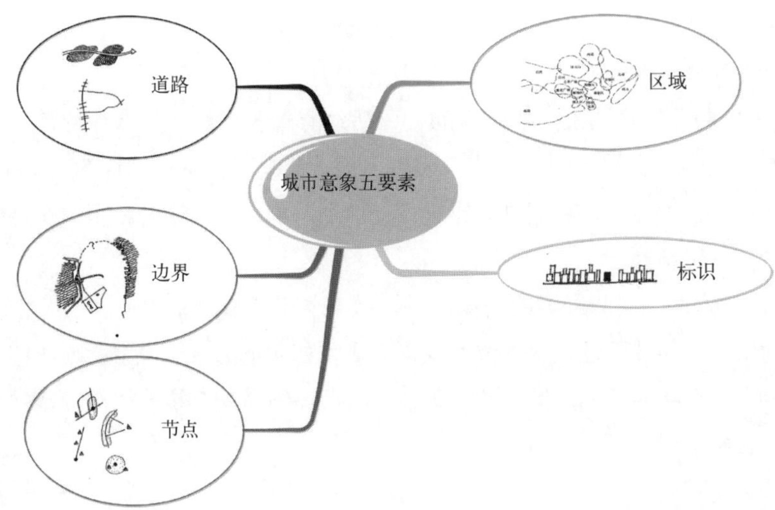

图 3-2 城市意象五要素

力。当人身处一个具体环境时，首先就是需要辨别方向，知道自己身处何处。凯文 · 林奇在其著作《城市意象》中对此作了清晰的解释，他将空间结构分别以道路、边界、节点、区域、标识等五个要素来表示，认为这五个要素是形成人的方向感的客体。人通过知觉将这五要素彼此联系进而形成一种具有特性的空间结构，亦即“环境意象”（environment image）。

清晰明确的空间结构是人们对某一空间产生印象的前提，也是人们获得方向感的基础，这时的人们容易体会到安全感。如果空间结构缺乏秩序和明显特征，那么环境的意象性就会变得难以把握，最终身处其中的人会因为不能形成清晰明确的方向感而产生陌生与失落感（图 3-2）。

2）认同感

在对环境产生方向感的基础上，人还要在环境中感受和分辨自己和所处场所的关系，也就是在环境中认同自己。认同感意味着对某一具体环境特性的一种怀念或熟悉感。方向感和认同感是人类认知场所活动中产生的心理过程。前者相对单纯简单，而后者形式和内容表现上更显复杂。方向感是前提和基础，认同感则是对环境的深层理解，是上升到情感意义上的认知。只有当方向感和认同感这两种精神状态得到完全发展时，人才会产生对场所形成的真正依赖，即归属感。而人的认同感和归属感正是场所获得持久生命力的源泉。

3）归属感

归属感是由经常在此活动的人对场所的依赖达到一定程度的体现。具有归属感的空间，在这里可以碰到熟悉的人，或兴趣爱好一致的人，并对空间中的方向、路径、区域等都非常熟悉，这一切都会给人带来安全感，会让人精神放松，这是由人、活动及场所构成的熟悉性特质，是归属感的核心所在。

值得注意的是，被迫迁移到外地工作和生活的人，他们的“原乡情结”最能够表达出人对于场所的情感反应。这种情感通过人与场所的互动会不断加深，从而会让人产生场所依附的感觉。段义孚（1974）认为场所让人们感觉像出生地一般感到舒适而无危险性，就像家一样有庇护所的功能，让人们感到安全，这样的行为就是最初人们对生活场所产生的认同与依附的表现。

建成环境意味着一个地方场所精神的形象化，总而言之，设计师的根本任务正是创造那些有意义的场所。城市公共空间作为提供城市居民活动的场所应该是要得到当地居民的广泛认同，能够让使用者产生归属感的地方，因此，公共空间景观设计不只是对城市空间进行简单的功能划分，而更重要和更具有难度的是对城市空间“精神”的创造。

3.1.3 形式美法则

城市公共空间景观设计除了依据空间设计原理，形式美则是另一个在景观设计中需要遵循的规律和法则，因为景观设计的初衷是人们对于美的向往和追求。构图是建立在形式美的基础上景观设计过程的重要技法。

形式美法则是人类在创造美的形式、美的过程中对美的形式规律的经验总结和抽象概括。构成景观的基本要素是点、线、面、体、质感、色彩，如何组合这些要素，构成秩序空间创造优美的高品质的环境，必须遵循美学的一般规律，符合艺术构图法则。

1）统一与变化

统一与变化是形式美的主要关系。统一意味着部分与部分及整体之间的和谐关系；变化则表明其间的差异。统一应该是整体的，变化应该是在统一的前提下有秩序的变化，变化是局部的。过于统一易使整体单调乏味、缺乏表情，变化过多则易使整体杂乱无章、无法把握。因此，在设计中要把握好统一整体中间变化的“度”。其主要意义是要求在艺术形式的多样变化中，保持其内在的和谐与统一关系，既显示形式美的独特性，又具有艺术的整体性。

帕提农神庙中46根统一的多立克式立柱形成整体的协调与气势，而山花的丰富华美给统一中带来微妙的变化，这些变化似乎又强调出了神庙的统一感（图3-3）。

图3-3 帕提农神庙

2）节奏与韵律

韵律是由构图中某些要素有规律地连续重复产生的。重复是获得韵律感的重要手段，简单的、单层面的重复平稳；而在复杂的、多层面的重复中各种节奏交织在一起，又统一于整体节奏之中使得整体富有动感（图 3-4）。

（1）简单韵律　简单韵律是由一种要素按一种或几种方式重复而产生的连续构图。简单韵律使用过多易使整个构图单调乏味，故有时可在简单重复的基础上寻找一些变化增加新鲜感。

（2）渐变韵律　渐变韵律是由连续重复的因素按一定规律有秩序地变化形成的，如长宽度或大小依次增减，或角度有规律地变化。

（3）交错韵律　交错韵律是由一种或几种要素相互交织、穿插所形成的。

3）均衡与对称

均衡指景观空间环境各部分之间的相对关系，有对称和不对称平衡两种形式，前者是简单的、静态的；后者是随着构成因素的增多而变得复杂、具有动态感。均衡的目的是为了景观空间环境的完整和安定感（图 3-5）。

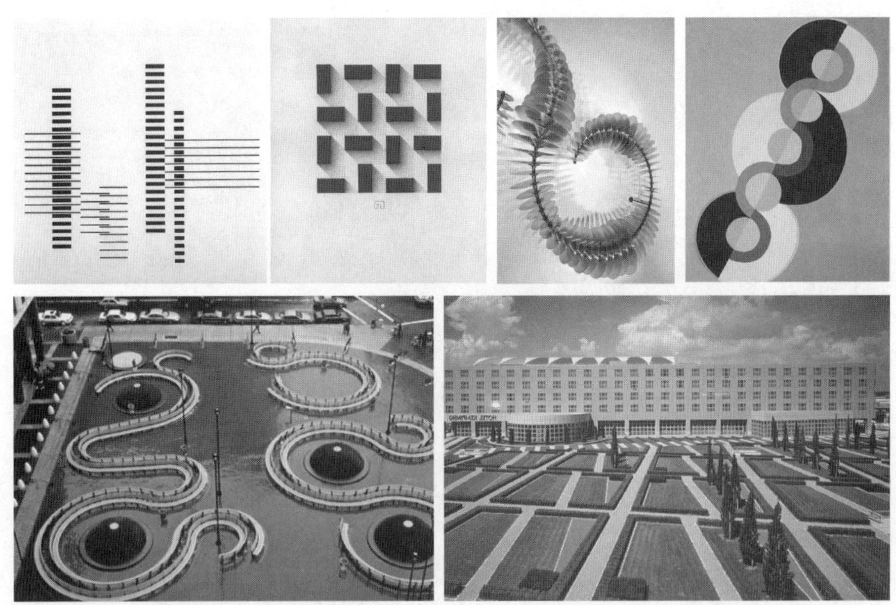

图 3–4　节奏与韵律

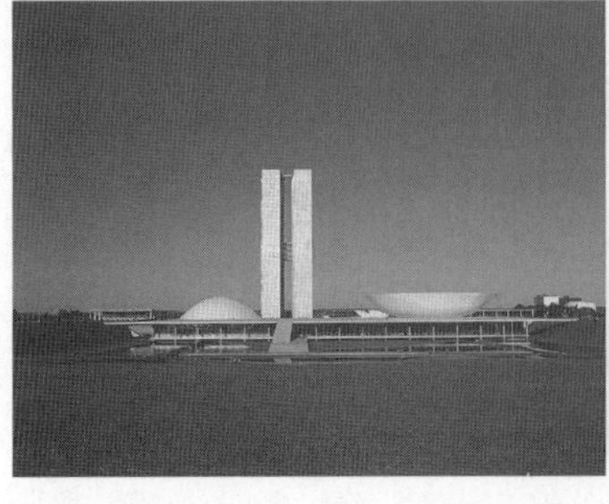

图 3–5　均衡与对称

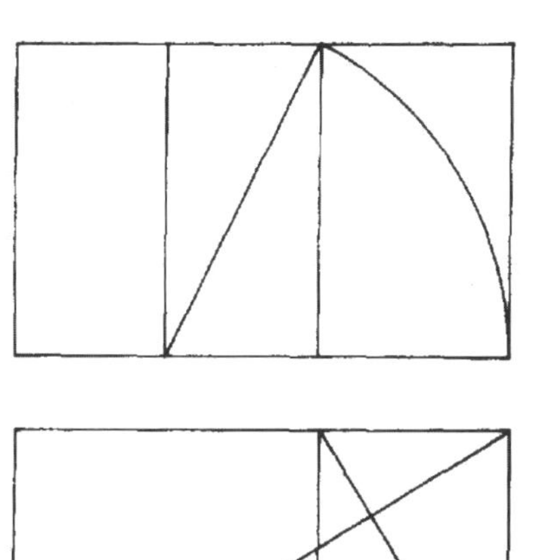

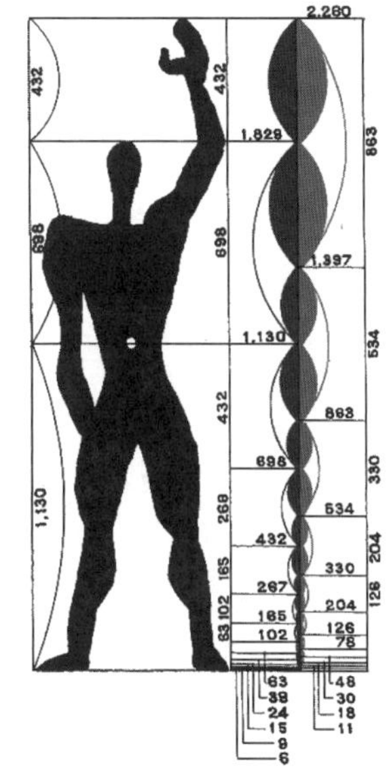

图 3-6　黄金分割与柯布西耶的人体模数体系

4）比例尺度

比例与尺度不仅是影响人感知的重要空间要素，也是构成形式美的关键。长久以来人们一直试图把形式美通过数量的形式表达出来，将这些数量的经验变成一种永恒的定律流传后世。比例尺度指的是部分与部分或部分与整体之间存在的数量关系，如黄金分割被公认为是最能引起美感的比例，它是把一条线段分割为两部分，使较大部分与全长的比值等于较小部分与较大的比值，则这个比值即为黄金分割。其比值是（$\sqrt{5}-1$）：2，近似值为 0.618。黄金分割具有严格的比例性、艺术性、和谐性，蕴藏着丰富的美学价值，这一比值能够引起人们的美感，被认为是建筑和艺术中最理想的比例。勒 · 柯布西耶的人体模数体系就是由人的三个基本尺寸，借助黄金分割引申出来的（图 3-6）。

3.1.4　景观生态学

景观生态学是生态学的一个重要层次，它是研究景观单元的类型组成、空间格局及其与生态过程相互作用的综合性学科。其核心是强调空间格局、生态过程与尺度之间的相互作用。在更大尺度区域中，景观是互不重复且对比性强烈的基本结构单元。景观生态学中最重要的景观结构就是“斑块—廊道—基质”形成的空间单元（图 3-7）。

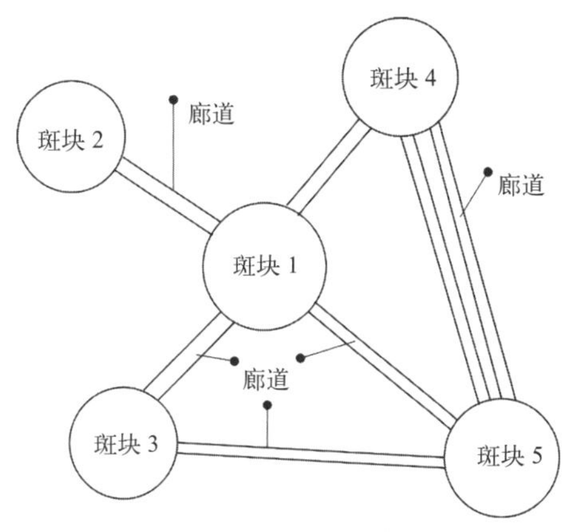

景观生态学中的“斑块—廊道—基质”空间单元与城市公共空间中的线性空间与面状空间的空间结构形成的网络相结合。以线性空间与面状空间结合形成完善的公共空间系统。

图 3-7　景观生态学中的空间单元

斑块、廊道和基质的关系与城市公共空间和建筑空间的关系具有相同的特征。城市公共空间与建筑空间存在明显的区别，更重要的是城市公共空间承担着城市中各种物质和人流动的重要功能，完善的城市“斑块—廊道”体系对于使用者在公共空间中的活动的连续性具有重要意义。

利用城市公共空间建立生态绿色网络以缓解大规模城市人工设施建设带来的种种诟病是未来城市发展的一个重要议题，例如备受关注的城市绿色基础设施建设、低冲击开发模式等，都可为景观设计注入新的能量。

城市绿色基础设施指的是“城市有机系统中覆盖绿色的区域，是一个真正的生物系统‘流’”，它将城市中绿色空间视为城市发展必备的基础设施，并且它应当是一个体系化的整体网络。这些绿色网络包括了城市滨水区、河道岸带、动植物保护地等自然绿地，还有城市公共空间中的绿色街道、广场、公园等不同尺度的绿色空间（图 3-8）。

图 3–8　城市公园承担着重要的生态作用

低影响开发（Low Impact Development，LID）指的是通过使用渗透、调蓄、净化等技术，模拟场地开发前的水文特征，是削减径流量的一种雨水管理方法，且主要利用小型、分散、低成本的生态措施来控制高频次、中小降雨事件。

低冲击发展的总体目标是减少地表径流，提高防洪抗涝能力。实现总目标需从源头、渗滤、蓄水的三个连续过程加以控制。低冲击模式主要由三部分构成，生态排水系统、生态蓄水系统、雨水收集和过滤净化系统（图 3-9）。

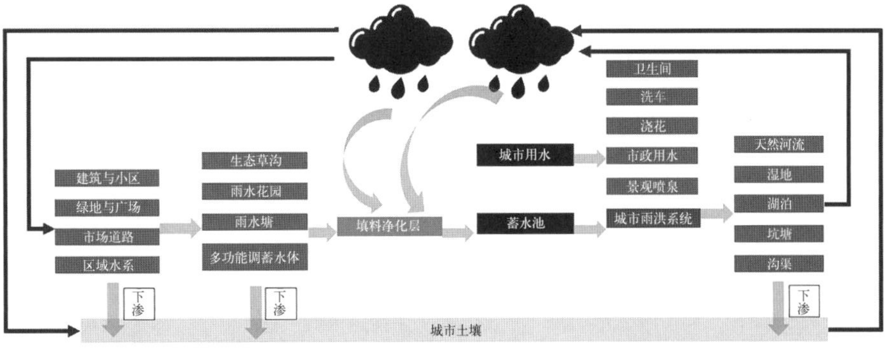

卫生间
洗车
浇花
城市用水
市政用水
景观喷泉
天然河流
湿地
生态草沟
建筑与小区
雨水花园
绿地与广场
市场道路
雨水塘
填料净化层
蓄水池
城市雨洪系统
湖泊
坑塘
区域水系
多功能调蓄水体
沟渠
下渗
下渗
下渗
城市土壤

图 3-9 低冲击开发模式

3.2 设计方法解析

3.2.1 空间的限定与组织

“埏埴以为器，当其无，有器之用。凿户牖以为室，当其无，有室之用。故有之以为利，无之以为用”[①]。这段话常常被用来说明建筑中“空间”的意义，道出了空间概念的核心，即器与室中“无”的价值。[②]

城市公共空间中的“空间”是城市中由建筑实体或建筑界面所围合的可以提供人们公共活动的“空”的部分，是建筑外部空间的集合。城市设计中常常通过图底关系分析说明城市空间形态的关系，其中“空”的部分即是城市中建筑外部空间的集合，也就是城市公共空间（图 3-10）。

空间设计原理是城市公共空间景观设计的基础方法之一，目的是指导设计如何根据设计思想有序地将各个景观设计模块组合与组织起来，其中包括了空间限定、空间模数、比例、尺度、质感、空间组织等等。

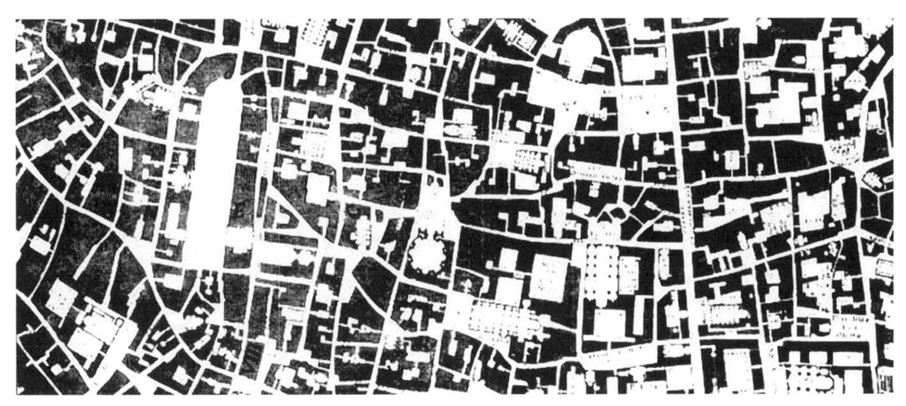

图 3-10 罗马城市“诺利地图”

① 老子.道德经.

② 罗小未，张家骥与王恺，中国建筑的空间概念[J]. 规划师，1997（03）：第 4-13 页.

1）空间限定

空间是由限定而形成的。如同建筑空间一般来说是由地板、墙壁、天花板三要素所限定一样，城市中的公共空间是“没有屋顶的建筑”，它同样是由不同的空间要素（自然、人工）限定而形成。《园林与景观设计》（重庆建筑工程学院，1986 年）一书中总结归纳了各种空间限定要素特征与限定度的强弱关系（表 3-1）。

空间要素的限定作用 **表 3–1**

限定度强		限定度弱	
要素高	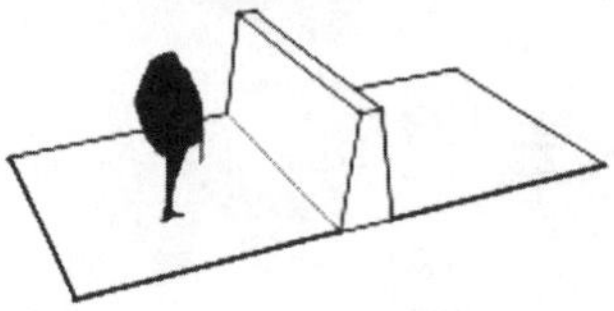	要素低	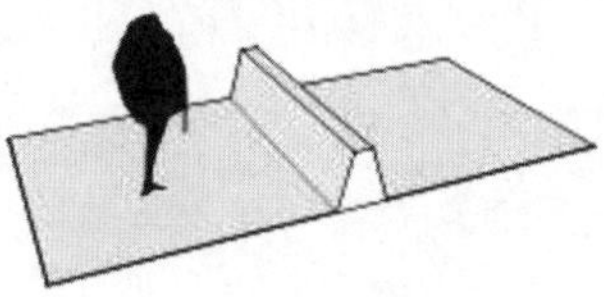
要素宽	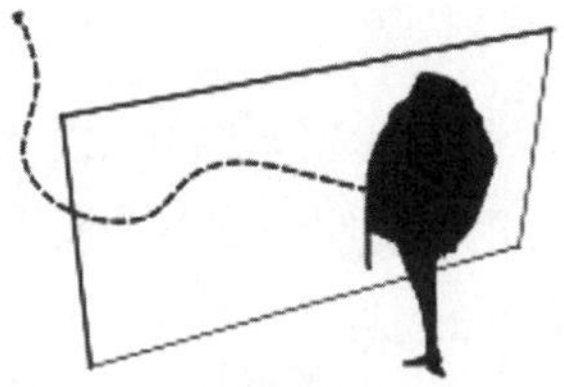	要素窄	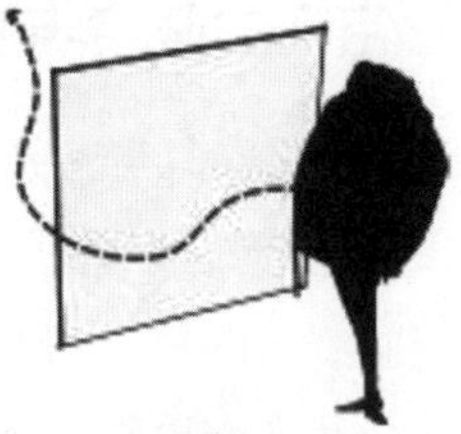
距离近	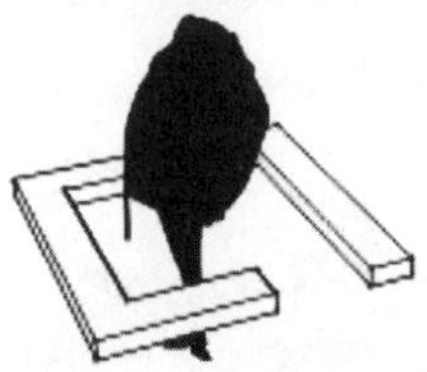	距离远	
形态向心		形态离心	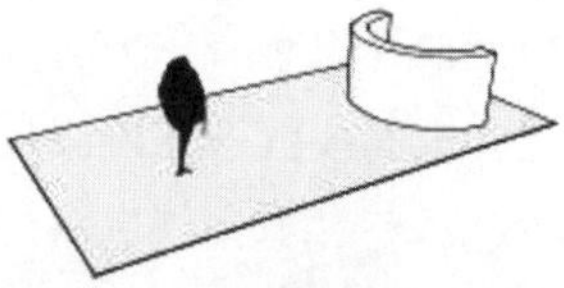
间隔窄		间隔宽	
封闭	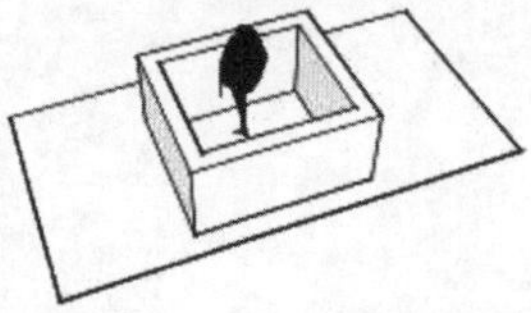	开敞	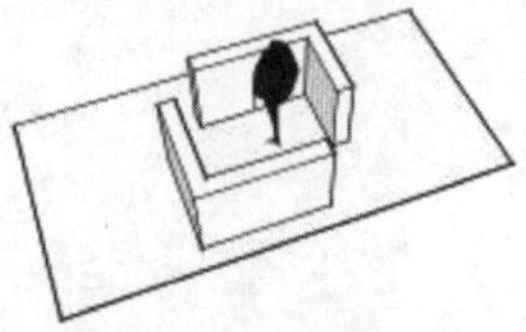
视野窄	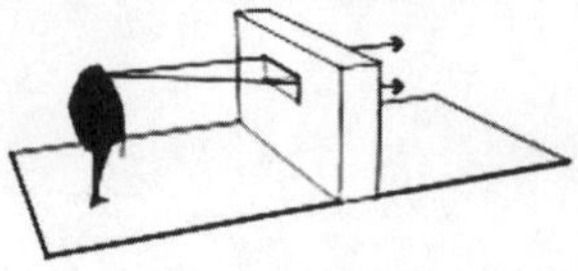	视野宽	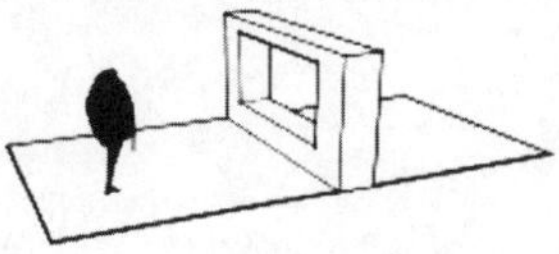

续表

限定度强		限定度弱	
视线不能通过		视线可以通过	
质地硬	钢材、铁、混凝土等	质地软	木、布、纸、植物等
移动困难		移动容易	
环境明度高		环境明度低	

在城市公共空间中，主要是地形、水域、建筑及建筑群、构筑物以及植物等要素对空间进行限定，形成特定的场所，如广场、街道、建筑周边场地、绿色空间等（图 3-11）。

通过山地、水域限定形成的城市空间

通过建筑群的限定形成的街道、广场

通过景观构筑物的限定形成的小场地

图 3-11　各类景观要素对城市空间的限定与围合

2）空间模数

（1）人体尺度模数

课堂演习：在进行公共空间设计时，除了对于空间功能与形式的考虑之外，还应该注意到使用者的个体尺寸特征。那么，就从建立自己的尺寸数据库开始吧！

< 实际测量 >

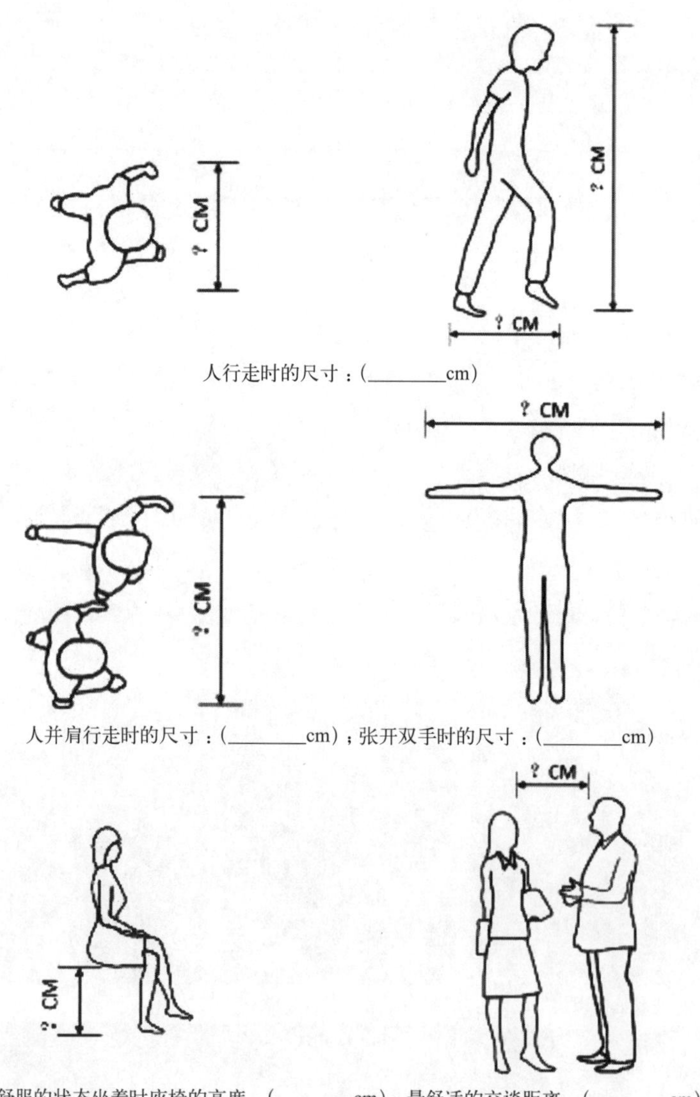

人行走时的尺寸：(________cm)

人并肩行走时的尺寸：(________cm)；张开双手时的尺寸：(________cm)

最舒服的状态坐着时座椅的高度：(________cm)；最舒适的交谈距离：(________cm)

（2）人际交往的尺度模数

在 0.5~1km 的距离内，人可以根据背景、光照、人群移动与否等因素辨别出人群；在大约 100m 远处可辨别出具体的个人。杨·盖尔将 0~100m 这一范围称之为社会性视域（图 3-12）。

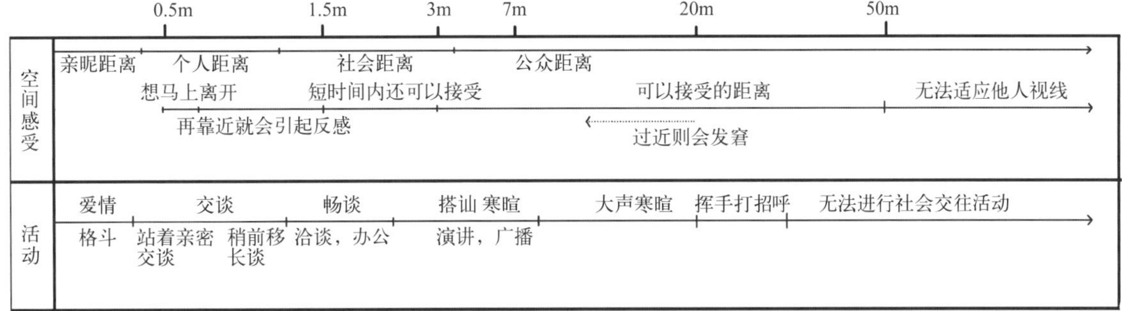

图 3–12　城市公共空间中的人际交往分类与含义（资料来源：（日）高桥鹰志 +EBS 组 . 环境行为与空间设计 [M]. 陶新中译 . 北京：中国建筑工业出版社，2006.9）

● 70~100m 就比较有把握地确认一个人的性别、大概的年龄以及这个人在干什么。

● 大约 30m 远处，面部特征、发型和年纪都能看到，不常见面的人也能认出。

● 当距离缩小到 20~25m，大多数人能看清别人的表情与心绪。在这种情况下，见面才开始变得真正令人感兴趣，并带有一定的社会意义。

如果相距更近一些，因为别的知觉开始补充视觉，信息的数量和强度都会大大增加。

● 在 1~3m 的距离内就能进行一般的交谈，体验到有意义的人际交流所必需的细节。如果再靠近一些，印象和感觉就会进一步得到加强。

● 3.75m 以上是公共距离，适合于演讲、集会、讲课等活动，或彼此毫不相干的人之间的距离。

● 1.3~3.75m 之间是社交距离，是同事之间，一般朋友之间、上下级之间进行日常交流的距离。

● 0.45~1.3m 之间是个体距离，是亲朋好友之间进行各种活动的距离，非常亲近，但又保留个人空间。

● 0~0.45m 是亲密距离，是指父母和儿女、恋人之间的距离，是表达爱抚、体贴、安慰、舒适等强烈感情的距离。

在城市公共空间中，人与人之间的距离与人们对于公共空间中围合界面的感受有着密切的联系。尺度适宜的广场与街道可以使人们在咫尺之间深切地体会到城市的宜人，人与人之间的亲切和温馨；反之，过于高耸的大厦、巨大的广场和宽广的街道则往往使人觉得缺乏依靠、冷漠无情。

（3）十分之一理论

城市公共空间的尺寸可以采用一般建筑室内空间尺寸的 8~10 倍。如在室内 $2\times1m^2$ 的空间对两个人来说是小巧、宁静、亲密的空间，如果在外部空间也要谋求这样亲密空间，使用“十分之一理论”将尺寸放大到 8~10 倍，即长边为 2×（8~10）=（16~20）m 的外部空间，这正好是人与人可以相互看清脸部的距离，这个空间里的人都可以相互看清楚，可以创造出舒适亲密的外部空间。

当然，8~10 倍的尺度并不是绝对的，而是芦原义信长期观察和实践的经验。然而对设计师来说在创造空间时，特别是遇到外部空间设计或者说是公共空间设计，尺度往往难以把握的情况下，若能储备一套有据可依的尺寸数据库对于公共空间设计来说十分有用。这样的尺寸系列有些是设计师在从事项目实践过程中的经验总结，有些是研究者们的实验结果。

（4）外部模数理论

外部空间即城市公共空间可采用一行程为 20~25m 的尺寸模数。“外部模数理论”说的就是即使在大空间里，每 20~25m 的行程出现有重复的节奏感，或是材质有变化，或是地面高差有变化，那么也可以打破大空间的单调。采用这样的模数布置外部空间，使得外部空间更接近人的尺度，在进行外部空间设计时，如果把这 20~25m 的坐标网格重合在图纸上，可以根据人的真实体感而估计出空间的大体尺度。

（注 ：(3)（4）知识点来自日本建筑师芦原义信的《外部空间设计》)

3）空间组织与过渡

（1）群体空间

群体空间系指三个或三个以上的几何空间，它包括序列空间和组合空间两大类。序列空间指一定关系定位、排列、具有鲜明秩序感的群体空间。它包括：按轴线展开的序列空间 ；自由展开的序列空间。

组合空间指按空间构图规律进行组合形成的群体空间。它包括 ：规则排列的组合空间 ；自由散点式组合空间。

群体空间的组织必须满足统一的造型形式和表现特定情感的需要。

（2）空间的层次

空间的层次感可以按照功能确定其层次，常表现为（图 3-13）：

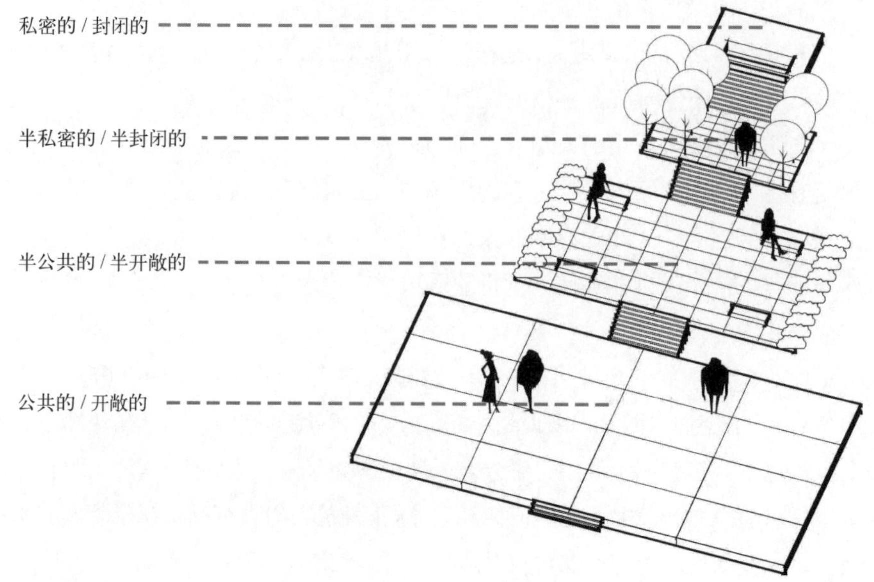

图 3–13　空间的层次

公共的——半公共的——半私密的——私密的

开敞的——半开敞的——半封闭的——封闭的

动态的——半动态的——半静态的——静态的

公众距离——社交距离——个人 / 亲密距离

空间的不同层次对空间范围的大小、开闭程度、纹理粗细、小品选择与布置等都有不同的要求。

空间的方向感是由空间形态给人的一种感受体验，空间的组织有节奏感，会使空间造型有情调、有趣味。

（3）空间的对比

空间的大小：在组织空间时，不同大小的空间穿插变化能给人造成不同的心理影响。但是如果在空间组织中没有大空间形态来主导全局，就会使空间丧失主从关系，显得零乱。

空间的比例：群体空间中各空间的比例关系恰当，有利于增强整体性。如没有适当的比例关系，就会使人感觉各空间是偶然拼凑在一起，缺乏联系，而不是有机的结合。

空间的过渡：巧妙运用过渡空间，是使空间协调统一的有效手段。如室内外空间之间，动静空间之间等都配置一定的过渡空间使得两个不同性格的空间成为有联系的连贯的整体。

4）尺度与比例

（1）D/H 比值

在城市公共空间中，建筑物之间会产生封闭性的相互干涉作用，建筑与建筑之间的比例尺度关系会影响人对于空间的心理感受。

建筑与建筑之间的距离为 D，建筑物的高度为 H，当 $D/H=1$ 时，建筑高度与间距之间有某种匀称存在。

$D/H<1$ 时，两幢建筑开始相互干涉，越靠近越会产生一种封闭的感觉，其对面建筑的形状、墙面材质、门窗大小及位置都成为应当受到关注的问题；在实际建筑总平面规划中，D/H=1、2、3……为最广泛应用的数值。

但当 $D/H>4$ 时，相互间的影响已经薄弱，空间开始疏离，难以形成围合感。

（2）空间与视觉关系（图 3-14）

a. 一般情况下，视点与建筑的距离（D）与建筑的高度（H）的比值 $D/H<2$ 时，不能看到建筑全貌；

b. 当 D/H 等于 2（即 $D/H=2$，相当于仰角为 27°）时，可以看到建筑的全貌；

c. 当 $D/H=3$，即仰角为 18° 时，则可以看到建筑群体的面貌。

（3）空间感的形成

空间围合的比例以及由此产生的空间感程度，取决于室外空间中的人和建筑物的距离。一些建筑学家认为，对建筑物最理想的观赏距离应为当视距与物

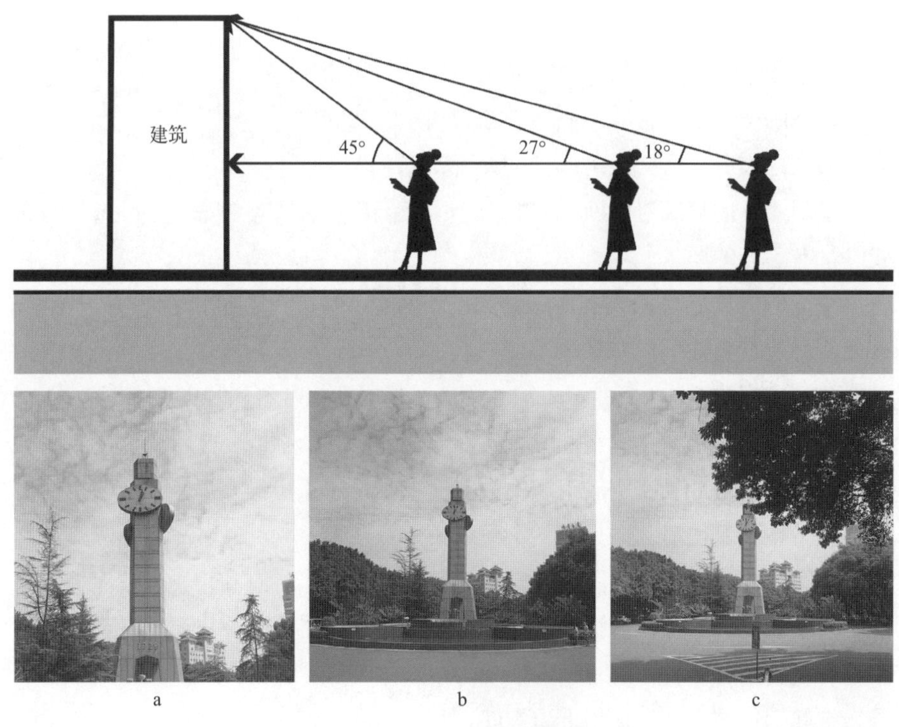

图 3-14 空间距离与视觉的关系

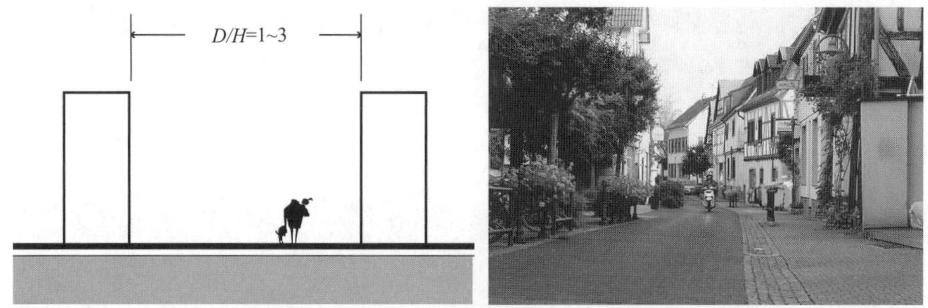

图 3-15 较为适宜的空间比例

高比为 2 ：1，即视平角为 27° 时，此时能够轻松地看到建筑物顶部，因而最理想的视距与物高之比值应在 1~3 之间。

视距与物高之比例值在 1~3 之间，具有私密性的空间，容易形成亲切宜人的空间感（图 3-15）。

当两侧建筑物的高度过高，体量过大，并且建筑与建筑间距过小时，即当视距与建筑物高比值大小于 1 时，人站在空间中犹如置于一口深井之中，太封闭的空间会使人产生不舒服的感觉（图 3-16）。

视距与物高之比大于 6，开敞性最强，空间较为疏离，容易形成庄重的城市空间。如果比例值远远超过 6，甚至更高，空间则严重失去围合感，从而难以聚集人气，成为城市中“失落的空间”（图 3-17）。

5）空间的质感

空间质感是指空间内各组成要素表面质地的特性给人的感受。质感按照人的感觉可分为视觉质感和触觉质感，但通常是视觉质感和触觉质感相结合方能

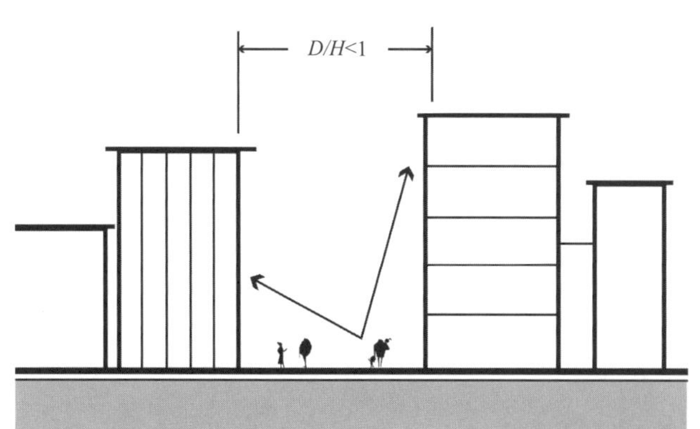

图 3–16　过高的建筑物

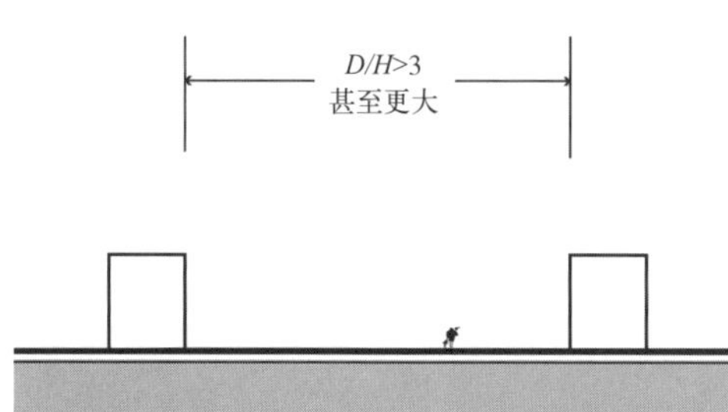

图 3–17　距离过大造成空间的疏离感

给人以各种微妙的材质感。

质感的表现分为粗、细、光、麻、软、硬等类型。各种材质的质感（如粗细程度）都是相对的，都是与同类材料相比较得到的，不同材料的质感相差往往是悬殊的。

（1）质感的对比

在公共空间景观设计中多种材料的使用可以形成丰富的空间质感，从而打破高度统一带来的单调乏味。与空间序列形成对应的质感秩序不单是丰富了空间界面，一定程度上还有着提示或引导空间变化的作用。界面材料的规律性排列，可标示空间的方向性，关键部位质感的凸显，则可以形成视觉焦点。

质感的冲突与调和可以体现设计师的匠心独运，如贝聿铭的卢浮宫主入口广场的金字塔设计，玻璃制的金字塔与周边石材建造的宫殿形成了强烈的对比，扩建部分放置于地下避开了场地的狭窄，同时，玻璃这种现代材料赋予了卢浮宫时代的印记（图 3-18）。

（2）二次质感

在不同的距离观察建筑所产生的质感也不相同，因此城市公共空间的质感与人观察的距离有关。距离越近，人所观察到的细节越多越清晰，距离越远，细节越容易被忽略，物体表面的整体状态逐渐取代众多繁杂的细节从而形成第二次质感。在城市公共空间景观设计中这种重复质感的方法可以很好的运用。如城市广场设计中，当人行走在地面上时所感受到的质感是铺装材料的统一或变化，而作为整个广场空间来看则是以一定尺寸模数分格排列的地面图案，这时铺地材

图 3-18 卢浮宫前广场

整体感受广场铺装的规则排列

近距离感受铺装材质的统一变化

图 3-19 不同观景距离下的空间质感变化

料的质感已看不到了,而规律分格排列的重复质感为广场带来了充实感(图 3-19)。

3.2.2 行为活动调查与分析

丰富多彩的活动是构成城市公共空间的重要组成部分，也是形成城市活力的基本条件之一。

1）活动的类型

杨 · 盖尔认为公共空间中的户外活动可以划分为三种类型：必要性活动、自发性活动和社会性活动。每一种活动类型对应的物质环境的要求有所不同。

（1）必要性活动

必要性活动是在各种条件下都会发生的活动，如上学、上班、购物、等人、候车、出差、递送邮件等在人们日常生活工作中必须参与的活动（图 3-20）。一般来说，日常工作和生活事务属于这一类型。因为这些活动是必要的，它们的发生很少受到物质构成的影响，一年四季在各种条件下都可能进行，相对来说与外部环境关系不大，参与者没有选择的余地。

图 3-20 必要性活动

图 3-21 自发性活动

（2）自发性活动

自发性活动是只有在适宜的环境条件下才会发生的活动。它根据人们的参与意愿而发生，这一类型的活动包括了散步、呼吸新鲜空气、驻足观望有趣的事情以及坐下来晒太阳等。

自发性活动只有在环境条件适宜的情况下才会发生，如较高的环境品质、较好的场所氛围、具有吸引力的公共空间等。大部分宜于户外的娱乐消遣活动都基本属于自发性活动的范围（图 3-21）。

较高质量的公共空间除了基本不变的必要性活动发生之外，由于场地和环境布局适宜人们驻足、小憩、饮食、玩耍等，大量的各种自发性活动也会随之发生。而质量低劣的街道和城市空间，只有零星的少数必要性活动发生，人们只会匆匆赶路回家。

也因为自发性活动特别有赖于外部空间环境品质的好坏情况，因此尽可能地促使自发性活动的产生是城市公共空间设计的因素之一。

（3）社会性活动

社会性活动指的是在公共空间中有赖于他人参与的各种活动，包括儿童游戏、互相打招呼、交谈、各类公共活动以及最广泛的社会活动——被动式接触，即仅以视听来感受他人。由于社会性活动发生的场合不同，其特点也不一样。在住宅区的街道、学校附近、工作单位周围一类的区域，总有一些人有共同的爱好或经历，因此公共空间中的社会性活动是相当综合性的：如打招呼、交谈、聊天乃至出于共同爱好的娱乐等。

这些活动可以称之为“连锁性”活动，因为在绝大多数情况下，它们都是由另外两类活动发展而来的。这种连锁反应的产生，是由于人们处于同一空间，或相互照面、交臂而过，或者仅仅是过眼一瞥。人们在同一空间中徜徉、流连，就会自然引发各种社会性活动。这就意味着只要改善公共空间中必要性活动和自发性活动的条件，就会间接地促成社会性活动。

这种连锁反应对于城市公共空间设计很重要的。尽管物质环境的构成对于社会交往的质量、内容和强度没有直接影响，但规划师和设计师可以通过设计影响人们相遇和相互交流的机会（表 3-2）。

活动类型与环境质量的关系 表 3–2

	物质环境质量	
	差	好
必要性活动	●	●
自发性活动	•	⬤
“连锁性”活动（社会性活动）	•	●

2）行为特性

城市公共空间就是一个城市生活发生的舞台，在这个舞台上每天上演着相似的情节，长期以来人们在相似的故事情节中扮演着不同的角色，但是他们的行为活动在一定程度上有着共通的特性，这些行为特性一方面是遗传、直觉的直接反映，另一方面是在一定社会文化条件下形成的。

（1）“人看人”

阿尔伯特·J·拉利奇（Albert J.Rutledge）在《大众行为与公园设计》里写道：“人看人”是人的天性，像诗里所写“你在桥上看风景，看风景的人在楼上看你”。这样的习性早就存在于不同文化和时代之中。人们通过观察周围的人的行为，发现如今流行什么，那儿有什么有趣的事儿；而通过为人所看希望自身被他人和社会所认同（图 3-22）。

（2）抄近路

抄近路是另一种典型的行为现象。当人们有着明确的目的地时，人们总是

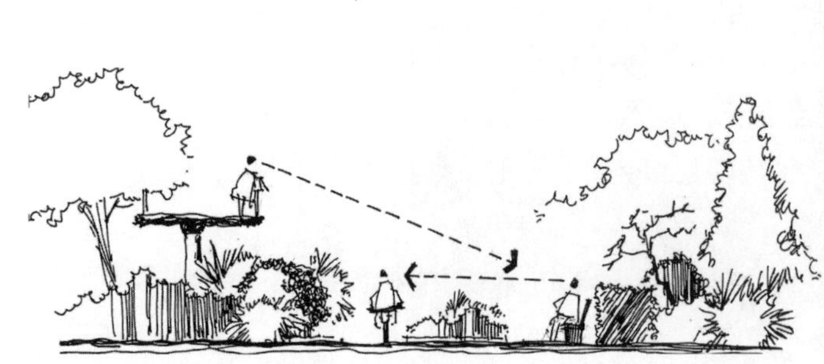

图 3–22 人看人

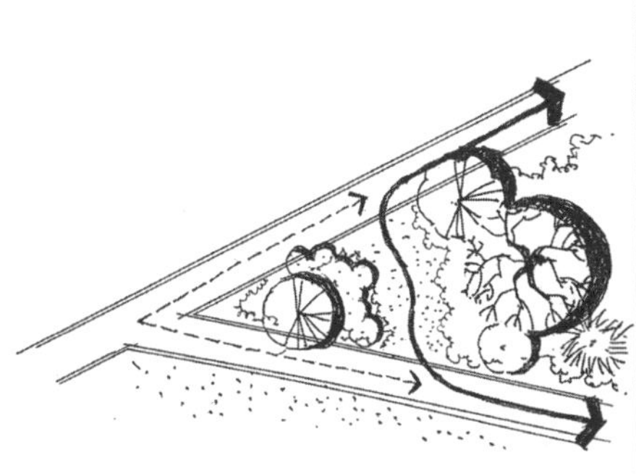

图 3-23 抄近路现象

图 3-24 空间庇护

倾向于选择最短的路径行走（图 3-23）。建筑师格罗皮乌斯（W · Gropius）在设计迪斯尼乐园时就利用了人的这一行为特性，任由游人在草地上行走，踩出了许多宽窄不同的小道，半年后将这些“捷径”改建成方便流畅的道路系统。

（3）依靠庇护

在公共空间中，人并不会均匀分布，而是会停留在一个适合停留的地方。人总是喜欢在树林的边缘、沿街的柱廊、遮阳篷以及树荫下逗留、交谈或小憩，这样一方面便于观察周围环境中的人，另一方面以求庇护，这种庇护性可以说是人在进化过程中的适应性行为。在设计中，巧用地形形成庇护空间不但可以满足人们行为的需要，还构成了丰富的空间层次，增加空间的趣味性（图 3-24）。

（4）边界效应

受人欢迎的逗留区域一般是沿建筑立面的地方或是一个空间与另一个空间的过渡区，因为空间的边缘为观察提供了最佳的条件。心理学家德克 · 德 · 琼治提出了边界效应理论，他指出森林、海滩、丛林等的边缘都是人们喜爱的逗留区域，而开敞的旷野或滩涂则无人光顾，除非边界区人满为患。在城市公共空间中，充分利用边界效应理论，积极创造多样化的边界空间为人们提供逗留、休息、交谈的场所，从而促使空间中更多活动的产生，丰富游人感官体验（图 3-25）。

图 3-25 边界效应

3）行为差异

不同的群体（老人、儿童等）依托的文化不同，在不同时段或者情境中，所表现出来的行为特性也是不同的。

（1）群体差异

不同的群体之间的行为特性以及活动类型多多少少都存在着差异。如老年人喜欢聊天、棋牌、舞蹈、健身等活动；而青年群体更偏向于富有挑战性和技术性的活动，如滑板、旱冰等。老年人往往只走自己熟识的近路，而青少年更喜欢尝试和体验新的环境，儿童更是对于环境充满探索性，他们喜欢丰富和复杂刺激的行进路线，边走、边玩、边说、边闹（图 3-26）。

（2）文化差异

文化的差异使得环境行为特性有所不同，它涉及文化学、民俗学、宗教、比较文化学等众多领域，但在当代的城市公共空间景观设计中又是非常重要的，需要引起重视。如在许多西方国家的城市广场里，人们的闲暇时刻都沐浴在温暖的阳光，而亚洲许多国家（如中国、日本等），烈日里人们大多数情况下都喜欢躲进阴凉的树荫下活动和交谈（图 3-27）。

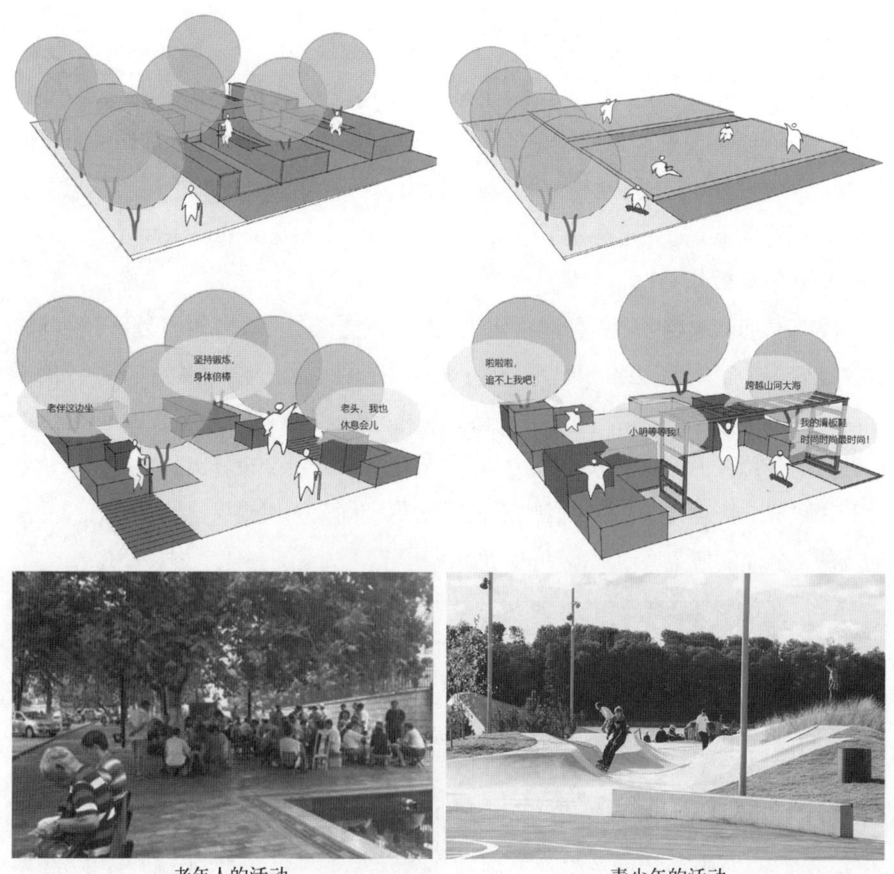

图 3-26　活动的群体差异

图 3–27　不同文化的城市公共空间的活动差异

4）调查方法

掌握调查方法可以对使用者的行为心理进行深入的了解，经过一段时间的探索和总结，将调查到的结果用于城市公共空间设计中。

（1）观察法

“观察”是在环境行为研究中最有趣的一种研究方法，因为任何人都对观察别人的活动感兴趣。观察必须注意五方面的问题，才能使观察结果有实用价值，即行为、环境、时间、观察人员，观察记录。

①行为，即看人们在干些什么。观察人的行为必须放到特定的环境中才有意义。

②环境，环境本身的特性将决定观察者在此进行何种观察，在环境行为研究中，环境如果发生某种变化，人们的行为会不会出现某种预期的变化，这是研究环境与行为相互作用至关重要的问题之一。

③时间，受时间条件的限制，任何观察只能包含一个片段的时间，而不能覆盖一个环境的整个历史阶段。

④观察人员，观察人员应混入一般群众进入某环境中去观察，他的装束、举止言行应与该地群众一致。

⑤观察记录，根据行为类型或时间段情况，对观察对象进行观察，收集并记录下观察数据。

（2）活动标记法

活动标记法可通过行为地图的方式进行环境行为的调查。行为地图实际上是这样一种观察的工具，由研究人员将行为发生的实际地点标定在一个按尺度绘制的平面上，经常把一种行为用一种符号标上，并注明此行为发生的时间（图 3-28）。

行为地图是 1970 年 Ittlelson 等人发展起来的，用以记录发生在所设计的建筑物中的行为，力图把设计特点与行为在时间、空间上连接起来。早期的行为地图法多使用在较小的环境尺度，如一间房间，方便一个人去观察记录。如今借助于高新技术和新设备，可用于更大范围的观察上，如城市广场、城市

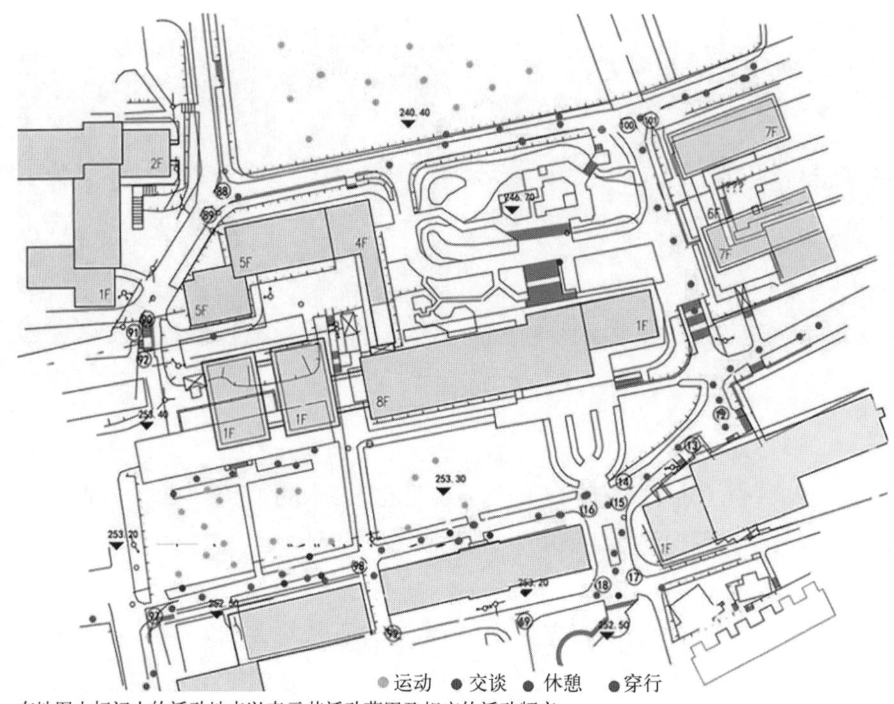

图 3-28 活动标记法 在地图上标记人的活动地点以表示其活动范围及相应的活动频率。

街道等。

行为地图有五个优点：①有被观察地点的平面图；②对明确定义的人的行为有观察、有数据、有描述、在位置上有明确的标定；③有日程表，表示观察与记录持续了多久；④观察与记录均由科学的程序指导；⑤有符号编码及统计、数据系统，以最少的时间和人力获得所需的观察记录成果。

（3）行为痕迹法

当研究人员得知人们在某个地点已经重复某种行为多次，而研究人员又不能亲自观察到，就不得不从其留下的痕迹中重新构思该行为。Zeisel（1981）把痕迹分为四类：副产品的利用、适应性的利用、展现自己的能力、公众提出的信息。

一般来说，留下的剩余物是最普遍存在的一种痕迹，这种剩余物可能是某种活动开展后的剩余物，也可能是某种过程的剩余物。如果在某地点根本找不到任何痕迹，这就意味着这个地点没怎么用。公众信息是另一种形式的痕迹，从官方的标记，到公众布告栏，直至在墙上乱涂乱抹的东西均属这方面信息。

无论用什么分类法说明个性化痕迹，重要之点在于去理解其缘由。工作步骤包括：①首先确立研究目标；②选择有代表性的多个现场；③现场测定与观察，必要时重复进行，并可选择不同时间、气候、季节，以保证资料的可靠性；④分析整理，综合归纳。

3.2.3 景观体验设计

景观体验设计（Experience Landscape design）是将人的活动和感知体验作为核心切入点而展开设计的一种理念与方法。景观为体验创造了舞台，体验让人成为舞台的“主角”，景观体验设计就是将“人的体验放大”，将景观“体验”项目变成可以被设计的东西。景观设计师的任务是根据人群的兴趣爱好、行为习惯等，通过有效地分析整合，设计出一个使人们在体验的过程中产生体验感受的景观，这个被设计的体验过程叫做景观体验设计。

1）体验的类型

根据约瑟夫·派恩二世（B.Joseph Pine）和詹姆斯·吉尔摩（James H.Gilmore）在《体验经济》一书中的观点，将景观体验分为四大类：审美体验、娱乐体验、教育体验、遁世体验。

（1）审美体验

好的景观首先是能够给人带来较好的审美体验的，这样的景观设计应该是能够给人以形式的感受、意义的领悟、价值的体验，成为认知环境、激发想象、促进情感的空间载体。当然，审美也是具有主观个性的，每个人的审美都不同，这是由人的成长环境、受教育程度、宗教信仰、审美敏感度、审美判断力等因素来决定的。随着人类的高速发展，城市的容积在变、文化的氛围在变、人们的思想情趣、审美习惯都在改变。如今人们对城市公共空间形象和品质也提出了更高的要求，不仅要满足景观的功能需求，还应满足市民对于审美体验的要求。

（2）娱乐体验

娱乐体验也是一种必需的、普遍的、亲切的体验形式。城市公共空间为“人与人”“人与景观”提供了更多的“舞台”，因此景观设计中更应多考虑通过设计为趣味性的娱乐活动增添可能。无论是在广场、街道、滨水区、小游园中，人们都可以休憩、游戏、表演、运动，通过好的体验设计可以促进人与人更好的交流和情感的加剧，更是可以通过趣味性的娱乐体验加深人与自然环境的对话。人们也能从娱乐体验中获得了心里的满足，情绪的愉悦。因此在城市公共空间景观设计中要考虑如何为大众规划出更多样化更具趣味性的娱乐体验场所。

（3）教育体验

“环境育人”是一项不可忽视的工作，在景观设计中加入教育体验也是十分必要的。它是在参与景观游憩的过程中获取信息、掌握知识的途径，人们在参与体验的同时获得了有用的信息，“寓教于乐”的景观体验更有意义。景观的教育体验多出现在展馆景观和大学校园景观，一个好的教育体验过程应该是愉悦的，潜移默化的，是“诱发教育的行为，达到教育的目的[①]”。当然教育

---

① 王向荣，林箐．西方现代景观设计的理论与实践[M]．北京：中国建筑工业出版社，2002.

体验也是有选择性的，它需要具备一定自然环境或者人文社会条件的，如生态教育体验通常会发生在自然植被丰富、物种多样性较高、生境条件较好的地方；文化教育体验也一定是在具有深厚历史沉淀的地段。因此，设计师在创造教育体验场所之初，应对当地的自然、社会、人文背景有着深入和充分的了解才能设计出能够被大众认可和具有场所氛围的景观环境。

（4）遁世体验

遁世体验是一种逃离现实，与历史对话的场所体验，是营造一个不同于现实生活的情境或氛围，让人们有恍如隔世之感，从而真正达到放松身心的目的。特别是在历史遗迹众多的城市，这种遁世体验景观通常是结合现存的传统街区或历史地段来营造的，这时的景观设计师就应该是一个与过去对话的故事讲述者，用景观设计的手法为现在的人们讲述这个地区的过去。

2）景观体验设计方法

了解了景观体验的四种类型，那么怎么开始设计呢？以下归纳了四个景观体验设计的要点：

（1）明确主题

首先应该明确景观体验的主题，其中就包括了核心内容、体验活动的设置以及与空间场所的匹配。主题就像设计的灵魂，如果没有主题，那景观只是一堆杂乱无章的形体堆砌。与此同时，主题也并不是凭空想象的，应该是设计师通过对城市地区自然环境、地域文化、环境文脉、空间特性等方面的全面分析和解读而提出来的。

（2）融入叙事

有了明确的主题，接下来应是根据主题融入城市公共空间中对于发生“事件”的设计了。这些“事件”设计的目的是为了触发公共空间中活动的发生，可以理解为若干个叙事事件共同构成了一个完整的鲜明的空间主题，这些“事件”被合理有序地组织在空间中，一步一步指引人们参与到城市公共空间发生的“故事”中来（图 3-29）。

图 3–29 露天剧场 露天剧场 通过节目活动事件的组织来创造一个特殊的景观体验空间。

西湖音乐喷泉 运用视觉和听觉让人对于西湖景观的壮美有一种整体感知。

图 3-30 音乐喷泉

(3) 结合五感

感知是指来源于五感之间的关联并使视觉、听觉等感觉综合在一起共同发生作用的过程。在城市公共空间中景观的体验性是以身体运动和五感认知(视、听、触、嗅、味)获得对稳定环境的长期集体认知。借由体验者在立体的景观世界中各感官对景观进行的整体感知,建立"景物"与"人"之间的信息媒介,从而产生一些颇具趣味的景观体验(图 3-30)。

(4) 增强互动

景观互动,即人在景观空间中与各类型景观要素、景观设施充分展开自发性活动。通过景观体验设计带动人与人、人与景的互动是提升城市公共空间活力,满足人们公共游憩需求,增强场所认同感和归属感的有效途径之一(图 3-31)。

3.2.4 生态景观设计

生态设计,即任何与生态过程相协调,尽量使其对环境的破坏影响达到最小的设计形式,这种协调意味着设计尊重物种多样性,减少对资源的剥夺,保持营养和水循环,维持植物生境和动物栖息地的质量,以助于改善人居环境、保持生态系统的健康。城市是人类最重要的人居环境,因此对于城市公共空间

图 3-31 充满活力的儿童活动场

景观的生态设计尤为重要。本节主要从城市公共空间中的生态排水、生态蓄水、垂直绿化和透水路面的应用等几个方面讲解。

1）生态排水系统

生态排水系统由植物、地表洼地和渗透空间、人工改良土壤、本地土壤以及排水管道（选择性）组成。其中选择耐涝性的植被加强对雨水的有效过滤与渗透。生态排水系统主要包括透水铺装、绿色屋顶、下沉式绿地、生物滞留设施、渗透塘、渗井等（图 3-32、图 3-33）。

2）生态蓄水系统

城市生态蓄水系统是指在城市绿地范围内，为了增加土壤和地下水含量，结合微地形改造和园林给排水工程而修建的一个地下蓄水系统，它是利用硬质材料，如废砖、水泥块和砂卵石等砌筑或堆积于地下而建成的渗蓄坑和渗水盲沟，这些渗蓄坑和盲沟是相互连通的，共同构成一个完整的地下蓄水系统。生态蓄水系统主要由湿塘、雨水花园、蓄水池、雨水罐、调节塘等技术体系构成，其中雨水花园设计是最重要的一个部分（图 3-34）。

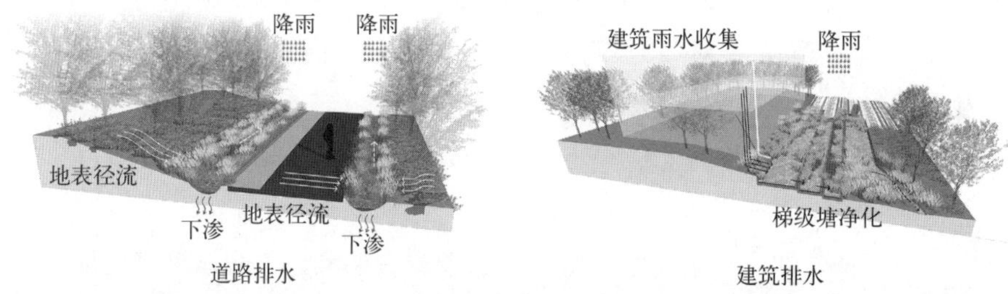

图 3-32　生态排水

图 3-33　生态停车场

生态停车场是一种兼具较好的生态绿化、较高的地表渗透，既满足停车需求又具备环保低碳功能的景观设计思路。

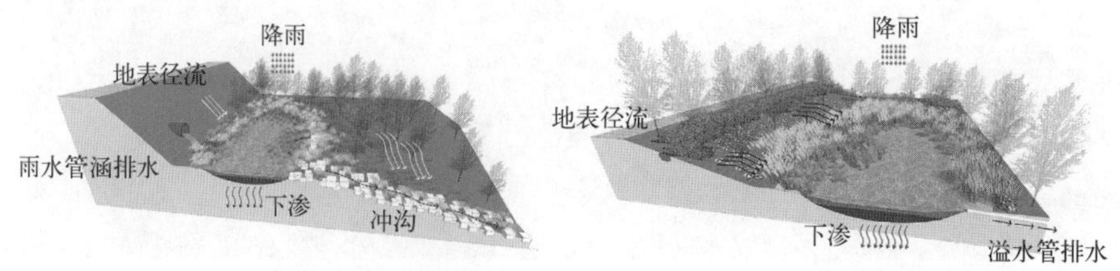

图 3-34　生态蓄水池

雨水花园利用物理、水生植物及微生物等作用净化雨水，是一种高效的径流污染控制设施，雨水湿地分为雨水表流湿地和雨水潜流湿地，一般设计成防渗型以便维持雨水湿地植物所需要的水量，雨水湿地常与湿塘合建并设计一定的调蓄容积。

☆ 案例剖析

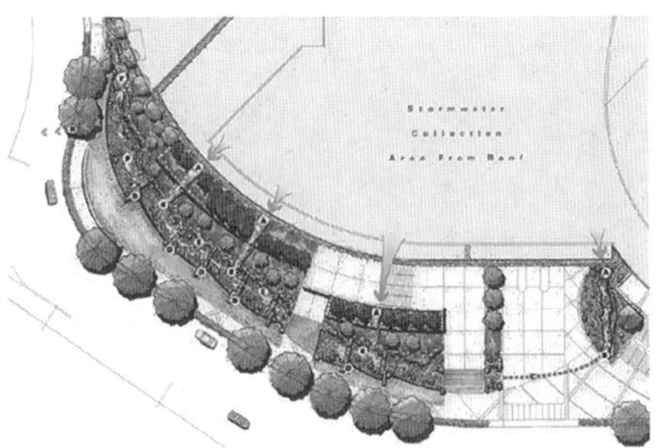

由迈耶/瑞德景观建筑事务所设计的波特兰会议中心的“雨水园”，成功地处理了雨水排放和初步净化处理的问题。“雨水园”位于波特兰会议中心的西南面，它的造型就像一系列的跌水和小溪，同时包含一系列的水池和玄武岩的堆石。其中种植了大量的当地水生植物和水草，通过这些水池的沉淀、植物根系以及沙石、土壤的过滤以后，洁净的雨水渗入地下，被土壤吸收；不仅巧妙地解决了雨水排放和过滤的问题，同时还创造了优美的景观环境空间。

图 3–35 波特兰雨水园

小溪一级一级下跌，最后汇集在一片地势低洼的水池里，同时旁边机动车道上汇集的雨水也有很大一部分最终流入这个小水池。通过水生植物根系的吸收和碎石、砂烁、土壤的层层过滤，吸收了从机动车道上冲刷下来的杂物和油污。

3）垂直绿化设计

垂直绿化指的是在立体空间中的竖向界面进行种植绿化从而增加环境生态效益和绿视率的一种生态设计方法。如利用攀缘植物对建筑外墙、栏杆、栅栏、屋顶、窗台、护坡、高架桥、立交桥等处进行绿化的方式。垂直绿化的优势在于它占地面积相对较小，植物材料垂直于地面栽植，较少的占用了土地面积。在城市公共空间中通过增加建筑物表面或构筑界面的植物覆盖率，能够改善区域环境小气候，增加城市绿量，有着一定的生态效益。植物垂直绿化在管理上较为方便有效，其大多采用高效化、一体化的设备对植物进行统一培植，这也是对能源和物质的高效利用（图 3-36）。

4）透水路面的应用

透水路面是由上至下均有良好的透水性，在表层采用孔隙率高的耐磨材料（如连锁砖、植草砖、水泥板块、砌石、透水性沥青、透水砖、透水混凝土），并以透水性较高的砂石为基层，则降水可由表层面材间的缝隙渗入地表以下，使得路面整体而言具有良好的透水性能（图 3-37）。

透水铺装材料按照面层材料不同可分为透水砖铺装、透水混凝土铺装和透水沥青混凝土铺装，嵌草砖、鹅卵石、碎石铺装等也属于渗透铺装（图 3-38）。

图 3-36 垂直绿化景观

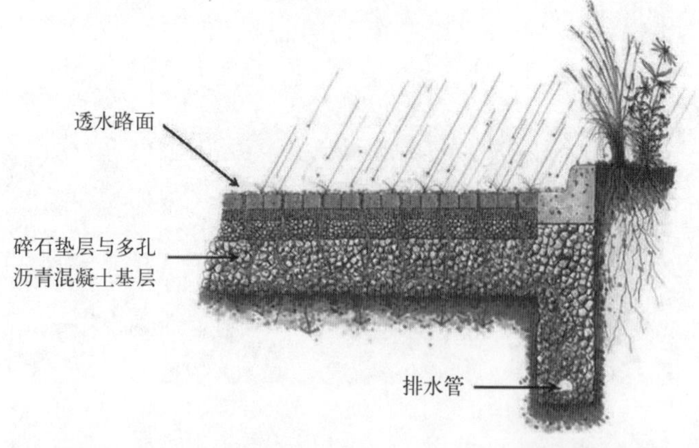

图 3-37 透水路面结构示意图

透水混凝土

透水砖

嵌草砖

图 3-38 几种透水铺装材料

3.2.5　造景与意境

借景、对景、框景、点景、障景是中国古典园林造景的常用手法，在城市公共空间中也不乏造景的需要，造景是设计师理念、情感、意境表达的重要途径。

1）造景手法

（1）借景

借景是城市公共空间设计中的传统手法，是指有意识地把空间的景物“借”到空间视景范围中来。借景之作用在于扩大公共空间的视景范围，增加欣赏的景观层次（图 3-39）。

图 3–39　拙政园

拙政园“梧竹幽居”一带向西眺望，荷池、建筑、植物及远处的北寺塔巧妙构景，将距拙政园数公里外的北寺塔借景其中，形成园内园外的视觉通廊。

（2）对景

对景是主客体之间通过轴线确定视线关系的公共空间设计手法，其缺点是由于视线的固定，观赏主题的视觉远不如借景来得自由。对景有很强的制约性，易于产生秩序、严肃和崇高的感觉，因此常用于纪念性或大型公共空间，并与夹景、框景相结合，形成肃穆、庄严的景观（图 3-40、图 3-41）。

图 3–40　米勒花园

米勒花园是丹·凯利的作品，设计运用简洁的设计手法结合古典理论框架。树木整齐排列的林间小道，引导人行流线及视线，在视觉汇集点，设置雕塑形成对景，手法干净巧妙。

图 3–41 城市公共空间中的对景

图 3–42 艺圃浴鸥

(3) 框景

所谓框景指利用门框、窗框。树干树枝形成的框、山洞的洞口框等，有选择的摄取另一空间的景色，形成如嵌于镜框中图画的城市公共空间设计方式。框景对游人有极大的吸引力，易于产生绘画般赏心悦目的艺术效果(图 3-42、图 3-43)。

艺圃西南角一园中园的入口之一，借圆洞门框出园中的建筑一角与植物造景，将园中安静的环境展现在人的面前，与门外山水空间相隔离。门上“浴鸥”二字清晰可见，并点出主要景致——“浴鸥池”，引人游览。

(4) 障景

障景是在游路或观赏景点上设置山石、照壁、花木或者其他物品，合理运用该造景手法可以使公共空间增添“藏”的韵味，也是造成欲扬先抑效果的重要手段，因此在城市公共空间设计中被广泛应用（图 3-44、图 3-45)。

图 3–43 城市公共空间中的框景

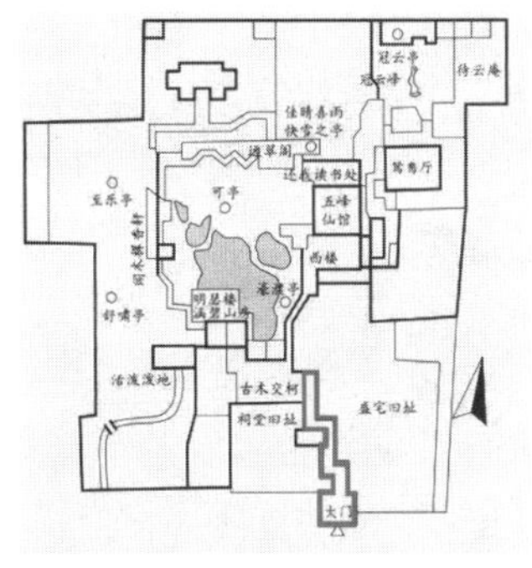

图 3-44 留园入口空间

图 3-45 城市公共空间中障景手法的应用

留园入口利用建筑空间的收放、入口游线的曲折、自然光线的明暗实现了游人心理的“三放两收”，通过曲折的入口通道进入园林空间之间仍然用半透的廊道将景观“锁”在视线之外，让游客迫不及待进入园林空间。

2）意境的营造

具有一定使用功能和游乐观赏价值的城市公共空间，是一种空间情态的造型艺术。城市公共空间构景就是采用周密的逻辑思维和艺术的构想方式，通过具体场地空间及其景物的处理，使之空间景象获得一定的寓意和情趣的创造过程。景物的构设应先立其意，注重“贵在意境”的原则。

“意境”是观赏者感知意构（设计者的主观设想）线索之后，通过回忆联想所唤起的“表象”与情感，是意域之“景”，物外之情。意境是景观设计师或者艺术家在完成其作品中所表现出来的一种艺术境界，即“言外之意，物外之景”。

“意境”的唤起需要对线索进行感知，线索感知以后又必须通过回忆联想的思维过程才能唤起“意境”的感受。对设计人来说，当有了“意境”感知之后，才能进行有效的构景创作。各种构景线索的作用特点如下（图 3-46）：

（1）视觉线索　利用眼睛对空间意构线索的感知而唤起联想回忆。

（2）听觉线索　由听觉器官对线索的感知而唤起空间表象的回忆，是利用声音信息创造意境的手段。

（3）嗅觉线索　由人们嗅觉对线索感知而唤起对空间表象的回忆。

（4）味觉和触觉线索　味觉线索是以人们品尝到某种特殊物品而感受到的

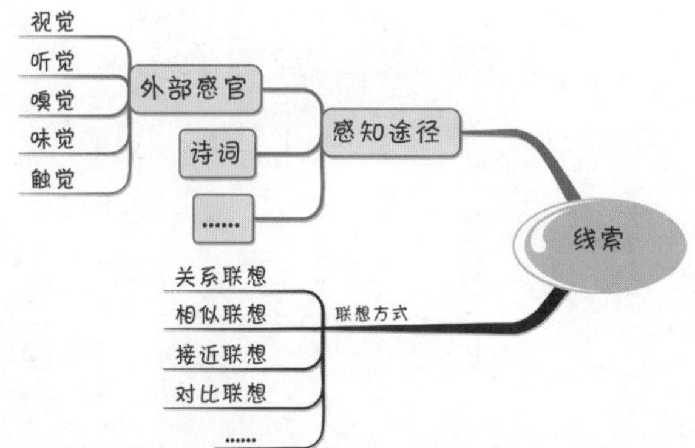

图 3-46 景观意境形成的线索

模仿自然山水的意境

中国古典园林中的意境营造

图 3-47 不同类型的景观意境

一种情趣，触觉线索是以人们皮肤感官触及具体物体而产生的感受而造成的联想与情感。

（5）诗词 诗词对于人的知觉、情感、回忆、联想具有重要作用。对于城市公共空间的涵义表达具有重要意义。

从一定角度上讲，“意构”是设计者个人的、主观的设想，要使主观愿望与其客观效果相符合，设计者就必须按照客观程序与规律的方法来指导自己的构景思维过程（图 3-47）。

（1）关系联想 由于事物的各种联系而形成的联想通称为关系联想。

（2）相似联想 一件事物的感知或回忆而引起和在性质与特征上相近或相似的回忆。

（3）接近联想 在时间、空间上接近之物，在人们的经验中容易形成联系，因而也容易由一件事物而想到另一件事物。

（4）对比联想 由某一事物的感知回忆而引起相关事物的回忆。

3.3 总结与思考

1. 在做城市公共空间景观设计时，有哪些空间设计原理和法则？
2. 在公共空间景观设计中应该如何做到人性化的设计呢？
3. 怎样将生态原理运用在公共空间景观设计中，请结合身边的实例说明？

3.4 推荐读物

☆ 图文资料

1. 凯文 · 林奇 . 城市意象 . 华夏出版社，2001.

2. 诺伯 · 舒 · 兹 . 场所精神——迈向建筑现象学 . 华中科技大学，2010.

3. 阿莫斯 . 拉普卜特 . 建成环境的意义——非语言表达方法 . 中国建筑工业出版社，2003.

4. 克利夫 · 芒福汀 . 街道与广场 . 中国建筑工业出版社，2004.

5. 格兰特 · W. 里德 . 园林景观设计：从概念到形式 . 中国建筑工业出版社，2004.

6. 保罗 · 贝尔 . 环境心理学 . 中国人民大学出版社，2009.

7. 唐纳德 · A · 诺曼 . 设计心理学 . 中信出版社，2010.

8. 李道增 . 环境行为学概论 . 清华出版社，1999.

9. 高桥鹰志 +EBS 组 . 环境行为与空间设计 . 中国建筑工业出版社，2006.

10. 林玉莲，胡正凡 . 环境心理学 . 中国建筑工业出版社，2006.

11. 阿尔文 .R. 蒂利 . 人体工程学图解 . 中国建筑工业出版社，1998.

12. 彭一刚 . 建筑空间组合论 . 中国建筑工业出版社，2008.

13. 保罗 · 拉索 . 图解思考：建筑表现技法 . 中国建筑工业出版社，2002.

14. 阿尔伯特 · J 拉利奇 . 大众行为与公园设计 . 中国建筑工业出版社，1990.

15. 芦原义信 . 外部空间设计 . 江苏凤凰文艺出版社，2017.

16. 芦原义信 . 街道的美学 . 天津凤凰空间文化传媒有限公司，2017.

17. 扬 · 盖尔 . 交往与空间 . 中国建筑工业出版社，2002.

18. 扬 · 盖尔 . 人性化的城市 . 中国建筑工业出版社，2010.

19. 克莱尔 · 库珀 · 马库斯，卡罗琳 · 弗朗西斯 . 人性场所：城市开放空间设计导则 . 北京科学技术出版社，2017.

20. 雅各布斯 . 伟大的街道 . 中国建筑工业出版社，2009.

21. 麦克哈格 . 设计结合自然 . 中国建筑工业出版社，1992.

22. 宗白华 . 美学散步 . 上海人民出版社，2005.

23. 李泽厚 . 美的历程 . 三联书店，2009.

24. 刘滨谊 . 现代景观规划设计 . 东南大学出版社，2010.

25. 王向荣，林箐 . 西方现代景观设计的理论与实践 . 中国建筑工业出版社，2002.

26.M. 艾伦 . 戴明，西蒙 .R. 斯沃菲尔德 . 景观设计学——调查 . 策略 . 设计 . 电子工业出版社，2013.

27. 巴里·W. 斯塔克，约翰·O. 西蒙 . 景观设计学——场地规划与设计手册 . 中国建筑工业出版社，2000.

28. 王晓俊 . 风景园林设计 . 江苏科学技术，2000.

29. 丹尼斯 . 景观设计师便携手册 . 中国建筑工业出版社，2002.

☆ 影像资料

2000 年纪录片《人性化的城市》导演 ：Lars Oxfeldt Mortensen

第4章 新趋势与新技术

材料与技术的高新化
分析评价的数字化
设计展示的可视化

4.1 材料与技术的高新化

随着现代材料技术、加工技术、环境科学技术的迅猛发展，现代公共空间景观设计的技术化趋势逐渐显露出来，景观设计中的科技含量越来越高，景观创作理念和创作手法都因之发生了很大的变化。新材料、新技术、新设备、新观念为景观创作开辟了更加广阔的天地，赋予景观更加崭新的面貌。

4.1.1 生态技术

近年来公共空间景观设计越来越关注可再生材料的循环使用、生态材料的应用、水资源的收集、绿色能源的利用、废弃物的处理及可持续景观资源管理等方面。设计应尽可能地应用场地原有的可再生材料进行功能和空间的重建，以期最大限度地发挥可再生材料的潜质，减少生产、加工和运输过程中能源的消耗，减少施工过程中原有废弃物移除的资金耗费及新的废弃物的产生，减少设计对自然环境的负面影响，同时对于场地原有材料的再利用亦可保留当地的历史文化特点。

另外，通过雨水的收集与利用解决水景营造、绿地灌溉、内部清洁等用水问题，减少对洁净水资源的消耗，从而实现生态系统的健康循环等，都是目前城市公共空间景观设计中所提倡的生态理念。

案例 1 万科建筑研究中心

由张唐景观设计的万科建筑研究中心在景观方面最重要的是探索如何将景观的艺术与生态结合起来，使生态景观成为可供欣赏、教育和参与的场所。因此项目研发了一系列生态材料，例如如何将预制混凝土模块应用在将来的地产项目中、探索不同类型的透水材料、植物配植等。项目包括3个方面的核心内容：预制混凝土模块的研发与应用；景观生态水循环处理系统的展示；景观生态材料与手法的实验与应用（图 4-1）。

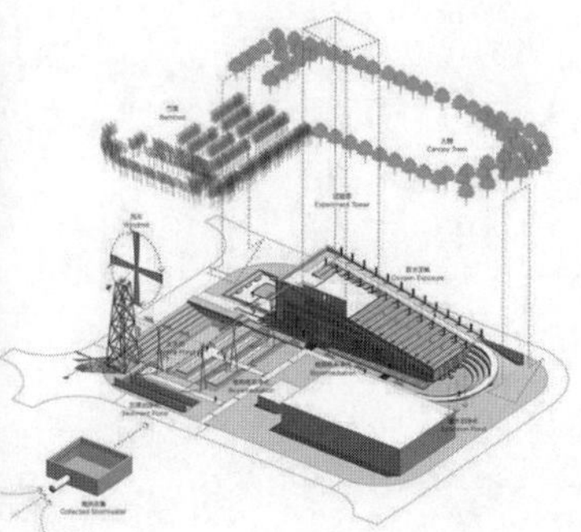

图 4-1 万科建研中心

案例 2 活水公园

活水公园位于中国四川成都，占地 24000 多平方米，是一座城市综合性环境教育公园。场地水取自府河水，依次流经厌氧池、流水雕塑、兼氧池、植物塘、植物床、养鱼塘等水净化系统，向人们演示了水由“浊”变“清”、由“死”变“活”的生命过程（图 4–2）。

图 4–2 成都府南河活水公园

案例 3 波茨坦广场

在波茨坦广场，绿化屋顶和非绿化屋顶的结合设计可以获取全年降雨量。雨水从建筑屋顶流下，作为冲厕、灌溉和消防用水，使得建筑内部净水使用量得以减少。过量的雨水则可以流入户外水景的水池和水渠之中，为城市生活增色添彩。湖水水质很好，为动植物创造了一个自然的栖息场所。而植被净化群落又融入整个景观设计之中用以过滤和循环流经街道的水质、水体，整个体系无任何化学净水制剂的使用（图 4–3）。

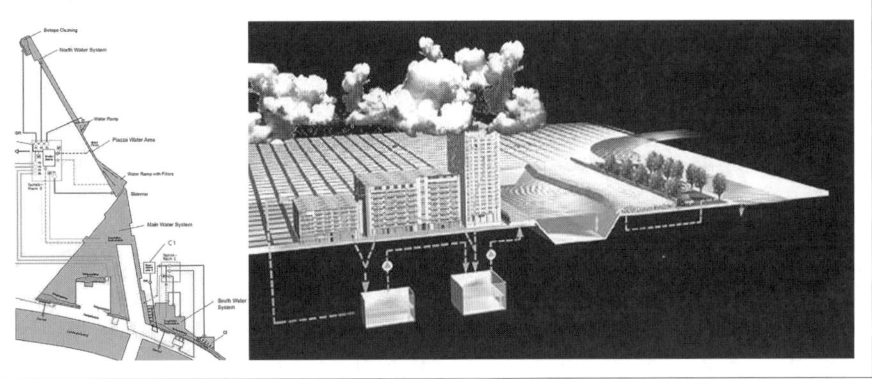

图 4–3 德国柏林波茨坦广场雨水管理与循环利用示意

4.1.2 3D 打印

3D 打印机，也被称为快速成型设备。它利用普通打印机的原理，将打印机和计算机连接起来，把原料装入机身，通过计算机的控制，用打印头将原料一层一层累积起来，最后将计算机上的蓝图变成实物。在公共空间景观设计过程中，非常适合项目中的工作模型制作和快速展示等。并且 3D 打印技术在非线性造型实现方面的巨大优势，为城市公共空间景观设计中的景观小品，城市家具及一些园林配件的设计和制造提供了更大的可能。

应用示例 1

加利福尼亚制作的新兴物品团队打造出花朵绽放形状的亭子，这个亭子由 840 块独一无二的 3D 打印硅酸盐水泥砖块建成。这个 9 英尺（2.7m）高的亭子以十字形作平面图，上升过程中采用影像变形技术，变成一个扭曲 45° 的相同十字形形状。在这个亭子的正面，孔眼印到水泥块上，打造出一个受传统泰国花朵图案启发的设计（图 4-4）。

图 4-4 3D 打印创造出的水泥花朵景观亭

应用示例 2

目前3D 打印技术已经开始应用在了真实建筑的打印，如中国苏州已经有一家科技公司于 2014 年，在 24 小时内打印了超过 10 栋楼房。3D 打印建筑机器用的“油墨”原料主要是建筑垃圾、工业垃圾和矿山尾矿，另外的材料主要是水泥和钢筋，还有特殊的助剂。被人们称为“吃进去城市建筑垃圾或沙漠，吐出来美丽的房子”。也许在不久的将来，3D 打印技术会被广泛运用在城市景观建设中，为城市公共空间景观的设计提供更多的方便和可能性（图 4-5）。

The New Raw通过利用3D打印技术处理回收的塑料，制造城市家具

DUS architects在阿姆斯特丹运用3D打印技术建造的小屋

图 4-5 3D 打印技术的应用
（图片来源：搜狐科技）

4.1.3　新材料的应用

当代城市公共空间景观中的“新材料”是“人工材料”一种特殊形式，是当代信息化社会科技发展的产物，具有时间性、科技性特征的“新材料”。

目前运用到城市公共空间景观中新材料的种类繁多，按照不同分类方式分为以下几类：

按照物理属性分类：新型混凝土材料、高分子橡胶材料、新型合金材料、复合材料、新型塑料材料、生物材料、纤维材料等。

按照材料功能分类：装饰类材料、结构类材料、基建类材料以及铺装类材料。

本书按城市景观设计的一般流程把新材料分为界面营造类新材料、设施构建类新材料以及铺装铺设类新材料（表4-1）。

新型景观材料　　表4-1

<table>
<tr><td rowspan="16">新型景观材料</td><td rowspan="5">界面营造</td><td rowspan="2">结构支撑</td><td>固土材料</td></tr>
<tr><td>结构材料</td></tr>
<tr><td rowspan="3">界面装饰材料</td><td>陶瓷切块</td></tr>
<tr><td>人工草坪、合成树脂镶板</td></tr>
<tr><td>草坪预制块</td></tr>
<tr><td rowspan="7">设施建构</td><td rowspan="4">结构材料</td><td>金属材料</td></tr>
<tr><td>新型混凝土材料</td></tr>
<tr><td>新型木材</td></tr>
<tr><td>生物材料</td></tr>
<tr><td rowspan="3">表皮材料</td><td>金属材料</td></tr>
<tr><td>塑料</td></tr>
<tr><td>太阳能材料</td></tr>
<tr><td rowspan="5">铺装铺设</td><td rowspan="3">透水性铺装</td><td>现浇透水性铺装</td></tr>
<tr><td>天然石环氧树脂系列铺装</td></tr>
<tr><td>改良土壤铺装</td></tr>
<tr><td>拼砌性铺装</td><td></td></tr>
<tr><td>橡胶弹性铺装</td><td></td></tr>
</table>

4.2　分析评价的数字化

传统的景观规划往往依靠设计师的直觉和主观经验，对场地条件诸如气候、人文等特征进行分析，进而形成一套设计方案，使得设计结果具有不可预测性和多可能性，出现环境等问题后再采取再设计、优化等补救措施，造成了设计过程中和景观施工过程以及完成后的人力、物资等资源的浪费。

随着数字技术进步与发展，在项目建设之前不仅能对整个场地进行仿真模拟，还能对地理、水文、气象、热环境等环境特征进行定量化的分析，使得设计人员在设计过程中可以参考精确而科学的数据，对设计结构进行模拟分析，预测设计可能的发展趋势，进而反馈给设计并进行优化完善。

4.2.1 环境分析

通过使用计算机工具对复杂数据进行分析和处理，并运用计算机模型技术对复杂场地和设计成果进行模拟和推敲，可以使我们的景观设计方案更具科学性。诸如无人机航拍技术、遥感、GIS 等技术的应用可以使设计师在设计之初获取较全面和直观的场地信息；利用 GIS 空间分析技术，可以对城市热岛效应与绿地分布状况进行动态监测和综合评估，从而为预测绿化规划实现后的生态环境质量和决策绿地建设方案提供了一个可靠的理论基础和易于操作的强力工具。

在公共空间景观设计中也有一些设计，利用类似BIM(建筑信息模型)技术，在项目的设计、施工和运营维护的整个阶段，模拟和分析光照效果、通风、可达性、舒适性，能够了解公共空间在整个生命周期的能耗、用水和生态效益等信息，并且以可视化的方式呈现，从而实现可持续性设计（图 4-6）。

> **拓展知识**：常见的数字化分析评价软件有 ArcGIS、Ecotec、Fluent、Revit、AchiCAD、Vent 等等。
>
> **思考**：计算机分析评价如此强大，设计师的价值和作用如何体现?

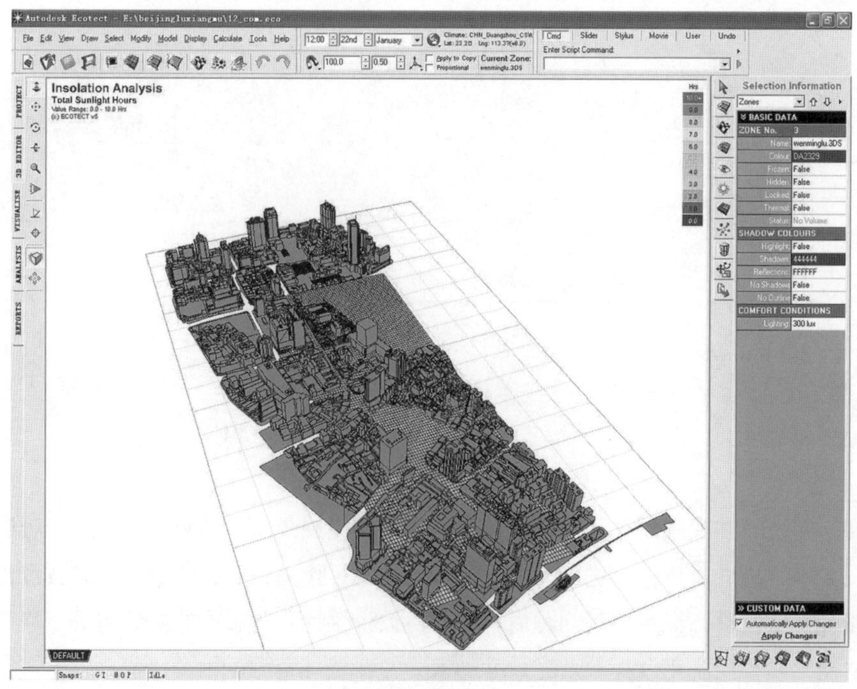

图 4–6 基于数字技术的公共空间环境分析

利用公共空间格局的模拟描述公共空间的生态过程以及公共空间系统的现状等问题，进而优化相应的景观格局。通过利用场地环境模拟分析进行公共空间设计，能够为市民提供具备良好热环境、风环境的公共活动空间。

应用示例

GIS 作为规划、景观设计中应为最为广泛的软件，是在计算机技术支持下采集、存储、管理、和综合分析各种地理空间信息，以多种形式输出数据或者图像数字技术软件，可用于景观格局的分析、用地适宜性评价、生态敏感性分析以及场地景观视线分析等。在公共空间环境的认知过程中，以“斑块—廊道—基质”作为最基本的模式构架城市的生态系统，通过 GIS 进行用地的数据分析、整理，研究生态斑块、生态廊道的特性以及相互间的作用，从而为公共空间景观规划设计的生态安全做出指导。

4.2.2 气象数据分析

气象数据分析是所有分析的基础。传统中对于气象部分一般都采用文字性的描述，例如北京气候的主要特点是春季干旱，夏季炎热多雨，秋季天高气爽，冬季寒冷干旱，冬季盛行西北风，夏季盛行东南风等。也有针对其主要的特点采用数字化的描述，例如隆冬 1 月份平原地区平均温为 –4℃以下，山区低于 –8℃，极端最低气温平均为 –27.4℃等。

而以真实数据为基础的计算机模拟分析的描述则更为精确，如使用《中国建筑热环境分析专用气象数据集》和美国能源部网站提供的气象数据进行模拟分析（图 4-7）。

4.2.3 微气候分析

热、风、光、水是人类生存的基本环境，也是构成城市公共空间中环境微气候的主要指标要素。人类对热、风、光的要求有个基本的舒适度，例如冬季

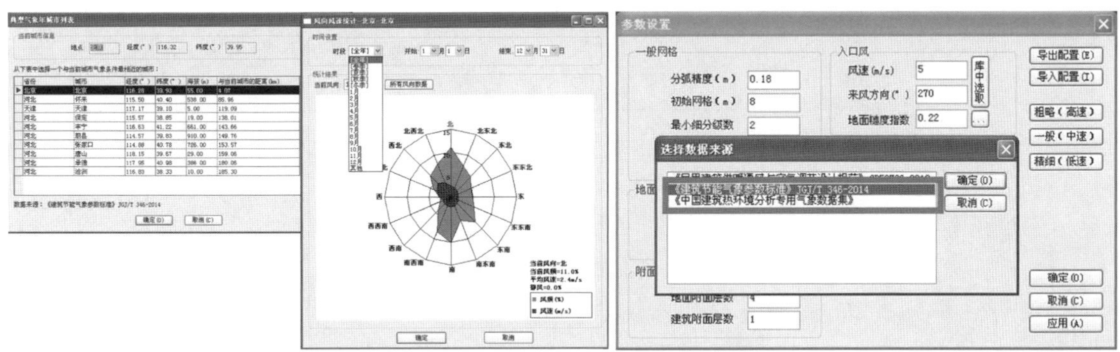

图 4–7 基于绿建 vent2016 的公共空间气象数据分析

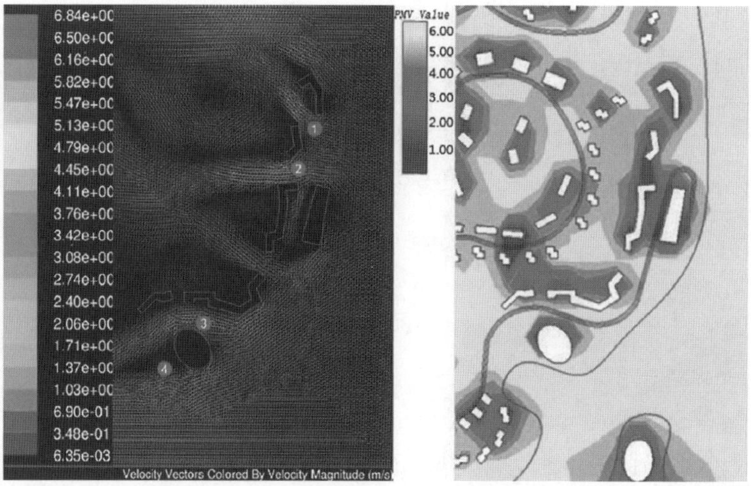

图 4-8　公共滨水空间风环境与热舒适分析

室温在 16~22℃，最适宜的相对湿度应为 50%~60%，对人体舒适的气流速度应小于 0.3m/s，采光系数为 5% 等。可以发现所有人类适宜生存的环境评价都可以转换为具体的数值，即可以使用计算机对设计项目所形成的人类基本生存条件进行模拟或评估其适宜性，并进行设计以满足人类所需舒适度（图 4-8）。

4.3　设计展示的可视化

数字技术的快速进步为景观设计学科的发展提供了良好的契机，并为城市公共空间景观设计开拓了新的思路。从二维图形软件 CAD 到含有三维图像的 3D Max，到后来的动画技术的诞生，再到现在如火如荼的 VR 虚拟现实技术，设计师已经可以在任意时间和地点走进自己的方案，从任意角度通过漫游来体验自己的设计作品，身临其境的感受空间、尺度、材料、质感甚至声音，这远比坐在屏幕前通过观看二维的设计图来发现设计中的问题要有趣得多，建筑师的思维、创造力和灵感将被极大的激发。

应用示例

虚幻引擎允许 UE4 引擎被用于教育、建筑以及可视化，甚至虚拟现实、电影和动画。使用 UE4 进行空间预览和材质推敲是非常方便的，可视化已经成为设计方法，而不只是设计成果（图 4-9）。

拓展知识

目前市场上的主流 VR 设备有 HTC Vive、Gear VR、Oculus Rift、PlayStation VR、乐檬蚁视 VR 眼镜等等。

图 4-9 基于虚幻引擎 UE4 的虚拟现实景观模拟

城市公共空间景观设计具有公共性和公众性的特点，因此在设计决策也将逐步向公众参与的方向发展，在未来，城市居民公众的愿望和意见甚至会直接影响到城市公共空间景观设计方案。而设计图纸通常带有很强的专业性，大多数的非专业人士看不懂。因此需要一种可以与公众进行信息交流的方式。景观可视化被认为是景观规划设计的通用货币，它提高了公众的参与度，简化了图纸的专业表达，同时也提高了景观评价的准确性。

4.3.1 虚拟现实技术

景观可视化是数字技术在风景园林中应用的主要方向。景观可视化包含两方面：一是数据、模型和关系的可视化技术；二是景观环境的可视化。最初的景观可视化是从二维表达开始，随着计算机技术以及地理信息系统技术的发展，到 20 世纪末才出现了有效的工具来真实地再现 3D 景观。然而，最初的模拟技术要耗费大量的渲染时间，也不能进行实时互动。

借助于计算机显卡的快速发展，实时渲染已经成为可能。三维游戏的发展，为虚拟现实环境技术的快速发展起了巨大的需求牵引和技术推动作用。游戏引擎给开发基于普通 PC 的虚拟现实场景漫游系统提供了基础平台，如今著名的游戏引擎虚幻 3 及虚幻 4 都已经支持景观可视化，甚至配合 VR 设备可实现沉浸式虚拟现实。

应用示例 1

目前业界常用的景观可视化软件 lumion 在 2016 年 4 月 5 号宣布，新版本 lumion6.3 将支持 VR 设备，现在允许从 SketchUp 和 Revit 中通过三星 Gear VR 和 Oculus Rift 快速向客户展示 3D 模型。用户戴上 VR 头盔，就能完全沉浸在设计师提供的设计作品中，并且可以随着头部的转动360度查看每一个角落，甚至可以在未来的场景中自由漫步。这代表了在景观可视化方面有了一个巨大的飞跃（图4-10）。

图4-10　基于lumion6.3的沉浸式景观虚拟现实

应用示例2

景观可视化技术也应用在了教学领域，重庆大学建筑系在本科教育中利用Smart+设计平台进行VR教学实践。在一年级下学期空间构成课程中，借助VR虚拟漫游的第一人称体验，从一个全新的视角来探讨空间构成的设计和教学方法。学生制作SU模型，登录Smart+教学平台生产方案虚拟漫游；教师以第一人称视角在设计方案里进行全方位沉浸式虚拟漫游体验，发现不足即可与学生在线讨论和交流；观察员对方案进行虚拟体验和点评，并与学生互动，每个学生现场进行虚拟漫游体验和讲解，集体讨论并提出修改建议；课题最终成果的图纸和虚拟漫游，在重庆大学建筑城规学院中庭展出，老师、学生等共同参观设计成果，体验VR虚拟漫游并与设计者交流互动。

拓展知识

VR虚拟现实和AR增强现实的区别。VR虚拟现实技术是利用计算机创造一个虚拟空间，利用虚拟现实眼镜能够使用户完全沉浸在一个虚拟的合成环境中，无法看到真实环境；利用双目视觉原理，虚拟世界在眼镜中是3D立体的。

而AR增强现实技术更注重对现实的补充，主要是把虚拟信息（物体、图片、视频、声音等）融合在现实环境中，将现实世界丰富起来。

思考：可视化技术除了在设计过程和设计展示中应用，还有哪些应用的可能？

4.3.2　增强现实技术

与虚拟现实技术不同，增强现实技术，它是一种将真实世界信息和虚拟世界信息“无缝”集成的新技术，是把原本在现实世界的一定时间空间范围内很难体验到的实体信息（视觉信息，声音，味道，触觉等），通过电脑等科学技术，模拟仿真后再叠加，将虚拟的信息应用到真实世界，被人类感官所感知，从而达到超越现实的感官体验的效果。真实的环境和虚拟的物体实时地叠加到了同一个画面或空间同时存在。

增强现实技术，不仅展现了真实世界的信息，而且将虚拟的信息同时显示出来，两种信息相互补充、叠加。在视觉化的增强现实中，用户利用智能眼镜或者头盔显示器，把真实世界与电脑图形多重合成在一起，便可以看到真实的世界围绕着它。

增强现实在现实中的应用很多。在加拿大蒙特利尔的麦吉尔大学，研究员们已经研发出具有 AR 功能的全新地板砖。这种材料的方式非常适合未来景观设计的材料的定位。这些地板砖可以模仿各种真实环境如草地、泥土地、雪地、水泥地等，同时还能通过内置设备完成视觉、听觉以及感觉方面的模拟。通过感应用户脚部力量的力反馈传感器，以模拟步入不同环境中的力反馈，可以用作一种导航投射在建筑物大厅或是公共广场的巨型地图的方法。地砖系统的运用，令我们看到了增强现实的趣味性、可行性。

应用示例

庞贝城考古导览系统是由意大利以及 Boconsult IdS 公司所提出，使用者可以携带具有无线传输与摄影机功能的手持式平板计算机在考古现场参观移动。其屏幕的上下方分别会显现出所拍摄到的现场环境以及假设复原后的虚拟庞贝城。经由移动、倾斜或旋转平板计算机，分割画面将会同步移动、倾斜与旋转，考古学者或是参观民众将可在考古现场或是远程的高解析屏幕中，得到全方位的 3D 影像信息（图 4-11）。

图 4-11　增强现实技术之 AR 导游

想一想：利用这些景观技术，你能否创造出一些奇思妙想的城市景观呢？这些技术会给景观设计师的工作带来怎样的改变？

第 2 部分
类型详解

方法建构与类型选择
城市广场景观设计
城市街道景观设计
城市滨水区景观设计
城市微空间景观设计

第5章 方法建构与类型选择

设计方法建构
四大类型选择
五大步骤详解

5.1 设计方法建构

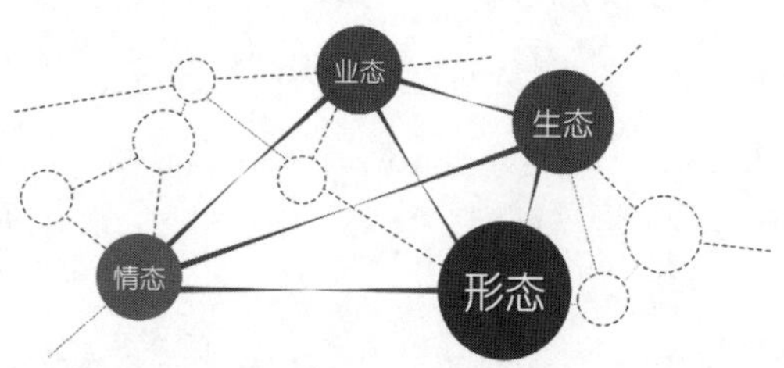

面对城市公共空间景观设计服务对象的广泛性与不确定性，城市现实问题的多面性与复杂性，怎么才能快速地理清思路，准确地把握住设计的关键点呢？又应如何按图索骥地去剖析和解读这些现象问题，从而逐步实现对场所的合理设想呢？经过十余年的研究和实践，本书作者杜春兰教授及所在团队提出了“四态协同”理论，基于此提炼出一套适用于景观设计的综合知识体系，它主要体现在四大方面（图 5-1）：

（1）业态

指的是片区在整个城市中的功能属性和职能定位，通常包括用地功能、建筑类型、交通情况、服务设施等。

（2）生态

是景观设计的原始自然基底，包括水体、地质、植被、动物等自然要素的综合。

（3）情态

指的是人对环境的认知、感知和情感，它可以通过人们的场所依赖（place attachment）和场所认同（place identity）程度获知。在调查分析中，它包括场地及周边的历史资源、使用者认知与心理认可情况、地域传统等体现“在地特征”的线索。

（4）形态

景观形态是创作者构思设计最直接的物质空间表现，任何一个景观设计的意图都必须是借助于景观的形态展现给观景者，也必须是通过景观的形态构建

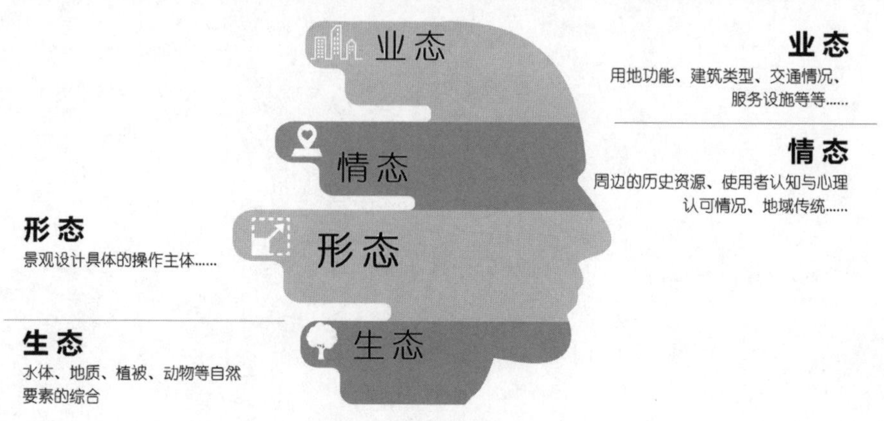

图 5-1 景观设计“四态”思维框架

出空间和场所提供人以活动。它是景观设计具体的操作主体。

在项目实践中，这是一套实用性较高的景观设计分析工具，本书尝试将它应用到各类型的城市公共空间景观设计中。

5.2　四大类型选择

城市公共空间的类型多种多样，本书重点选取了城市广场、城市街道、城市滨水区、城市微空间等四种城市公共空间类型进行设计实例的详解。

1）城市广场

城市广场通常是城市居民社会活动的中心场所，是提供城市居民集散、游憩、休闲、商业、交流等活动的公共性场所。芦原义信认为，广场强调的是城市中各类建筑围合形成的空间，它应该有着清晰的边界线，具有良好的围合性。

按照广场的功能性质，一般可分为：市政广场、交通广场、商业广场、纪念性广场、休息娱乐广场等。

市政广场多修建在市政府和市政中心所在地，它应具有良好的可达性以及流通性，通向市政广场的主要干道应有相应的宽度和道路级别，以满足大量密集人流的畅通。

交通广场通常位于城市交通设施集中的区域，起到交通、集散、联系、过渡、停车等作用。如火车站前广场、客运站广场等。交通性的广场对各类型交通（如人流、车流、货流等）的组织要求较高，保证车辆和行人互不干扰，满足各类交通的畅通无阻是共重要功能。

商业广场是城市生活的重要中心之一，用于集市贸易和购物。商业广场中以步行环境为主，内外建筑空间应相互渗透，商业活动应相对集中。这样既方便顾客购物，又可避免人流与车流的交叉。

纪念性广场是用于纪念历史人物或历史事件的广场，通常位于历史文化内涵深厚的城市片区，因此对于场所历史和精神的挖掘和延续是纪念性广场的重要职能。

休闲娱乐广场是城市中最为普遍的公共空间类型，它是城市中的人们休憩、游玩、交往、演出、娱乐的重要场所。

2）城市街道

街道，是城市空间的骨架，是构成城市空间的重要组成部分之一，城市的生活离不开街道，无数的城市街道构成了城市整体的空间网络，它也是展现一个城市的风貌、形象、精神最直接的空间场所。街道不仅是城市交通运输的主要空间，也是购物、休闲娱乐等社会生活的重要空间。

从街道两边的用地性质和景观特征的角度可以将城市街道分为：商业步行街、生活型街道、交通型街道、观光型街道、混合型街道等。

3）城市滨水区

城市滨水区是指毗邻海洋、河流、湖泊等水体的城市区域，它通常包括一部分水体，同时也涵盖一部分城市陆地，因此，它也是一个包含水域和陆地双重环境属性的复杂景观系统，它是水域与陆域紧密相连的纽带，不仅是水的边缘，同时是陆的边界。

由于城市滨水区环境要素的复杂性和边界性，因此对于城市而言滨水区通常都具有十分重要的景观价值。它不仅是展现城市景观形象的重要轮廓边界，还是重要而敏感的生态界面，滨水区通常涵盖了城市生态环境保护、文化教育、休闲游憩、交通运输等多个方面的功能属性。

4）城市微空间

对“城市微空间”的关注是在我国快速城市化发展和大规模开发建设后，城市公共空间用地愈渐匮乏，市民对公共空间需求日益提升，城市建设逐步由“增量发展”向“存量优化”转向的大背景下发生的。城市微空间一般有以下几个特点：一是用地规模普遍很小；二是它们“无孔不入”地存在于城市空间中；三是它们是关注人尺度的设计和空间的改造优化。城市微空间是城市公共空间中最常见而又最容易被忽视的空间资源，因此，关注城市微空间的景观设计是提升城市空间环境品质的重要手段，是对目前城市公共空间全面提升的有力补充。

这些微观尺度的城市公共空间渗透在城市中的各个角落，如人行道、街头公园、街旁绿地、宅旁绿地、小区游园、城市闲置地等等。如何利用这些城市空间的“边角料”设计出提供人们散步、交谈、游玩、观望、娱乐的场所成为目前风景园林师不得不关注的热点问题。

5.3 五大步骤详解

1. 场景感知
2. 案例解析
3. 设计要点
4. 实战演练
5. 设计与思考

第6章 城市广场景观设计

场景感知
案例解析
设计要点清单
实战演练
设计与思考

6.1 场景感知

☆ 电影中的广场

《罗马假日》：西班牙广场

图 6–1

西班牙广场位于意大利，三一教堂所在的山丘下，这里因西班牙大台阶而著名，大量的游人在台阶上随意而坐，悠闲，明快，也成了广场独特的风景。电影《罗马假日》中的许多经典场景就是在这里拍摄的（图 6–1）。

☆ 那些经典的城市广场（图 6–2）

图 6–2

想一想世界上有哪些经典的广场？它们都有哪些特征？是什么原因使它们成为经典呢？

☆ 我身边的广场

“我们对自己创造的城市空间经常感到失望，是因为我们期望它们会与锡耶纳或巴塞罗那的城市空间一样经典。但却不一定是我们所得到的。”

——罗伯特·詹森《城市广场的梦想》

1. 记录：我身边的广场

名字：________广场　区位：____________　面积：____________

■ 尝试画下它的平面图（或者局部）：

构成材料有哪些：__________________

特色装置：________________________

人们对它的喜爱度：☆☆☆☆☆

____

■ 广场上的故事

一天之中广场上都有哪些活动？________________________________

有哪些有趣的人或事情发生？__________________________________

■ 画下最让你难忘的场景：

2. 思考：我喜爱的广场是什么样的？想一想什么样的广场是受欢迎的？

6.2 案例解析

6.2.1 形式源于对自然的模仿——爱悦广场

项目地点：波兰特市

项目时间：20世纪60年代

设计师：劳伦斯·哈普林

“在任何既定的背景环境中，自然、文化和审美要素都具有历史必然性，设计者必须充分认识它们，然后才能以之为基础决定此环境中该发生些什么”。

——劳伦斯·哈普林

爱悦广场（Love joy Plaza）是哈普林在20世纪60年代为波特兰市设计的一组广场和绿地的第一站，就如同广场名称的含义，这是一个为公众参与而设计的一个活泼而令人振奋的中心、广场被商店住宅以及办公楼所包围，是入口活动的主要聚集区。使用者在进入广场的瞬间即可直接接触广场的主题部分，设计简捷并且对土地利用更加完整。

劳伦斯·哈普林在各式各样的自然素材中，选择了触手可得的自然趣味，将真实的自然等高线简化，营造出整体起伏的空间地形。广场中的小型瀑布是整个广场的主体，哈普林模拟加州席尔拉山山间溪流的水流形态，形成了动态、活跃的瀑布水流轨迹。

整个广场最大的特点在于广场一切的构想都将大自然的过程具体化，让自然的力量穿梭其中，远远不止于广场本身的形状。爱悦喷泉处水流从石缝中迸射出来，形成一段神奇美妙的弧线，然后展开，恢复成平面，直至静止。整个过程参观者与景观融合在一起，当人们意识到自己既是演员又是观众时，这样的融合会使他们异常兴奋。这个空间可以让人经历到少有的爆发和寂静的双重感觉，可使人在徒步游览时达到观景高潮（图6-3、图6-4）。

图6—3 爱悦广场实景

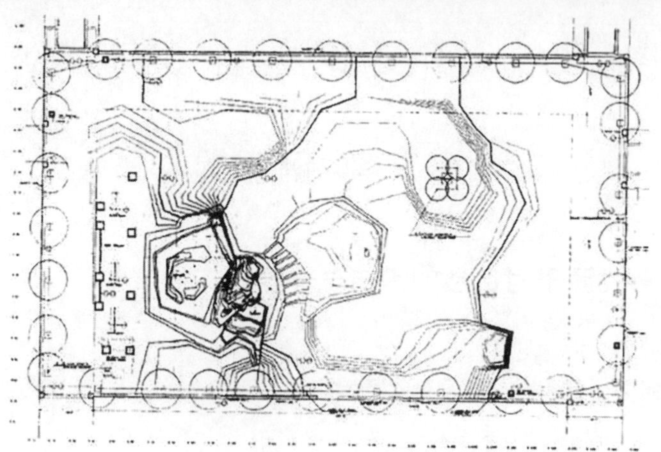

图6—4 爱悦广场平面图

哈普林先生的速记手稿可以看出爱悦广场的如同等高线一般的形态由来。抽离自然山、水、地形的形态元素，通过对自然界中曲线的高度提炼，通过曲线拉直的变形，并加入疏密和不完全平行的要素，得到了爱悦广场的设计形态（图 6–5）。

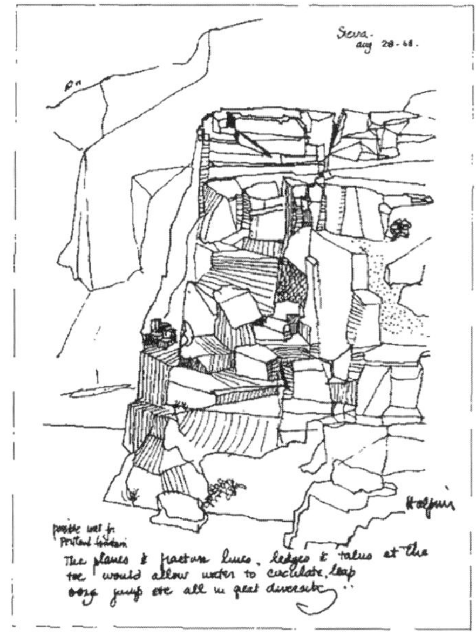

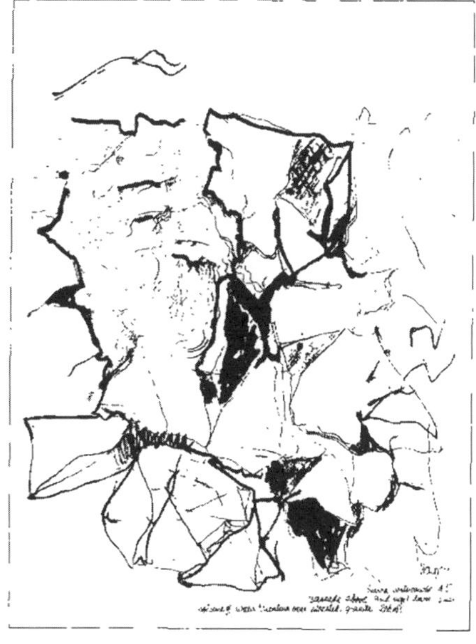

图 6–5　爱悦广场设计构思

主要作品：哈普林作品涉及范围广泛，包含了城市绿地、广场设计，商业街区设计、社区规划设计、校园及公司园区规划设计等等。其中包括由爱悦广场、柏蒂格罗夫公园、演讲堂前庭广场组成的波特兰广场系列、罗斯福总统纪念园、高速公路公园、曼哈顿广场公园、明尼阿波利斯的尼古莱特大道、吉拉登广场、海滨农庄住宅区等等。

图 6–6
劳伦斯 · 哈普林
(Lawrence Halprin)
劳伦斯 · 哈普林公司

主要思想：劳伦斯 · 哈普林是美国风景园林界十分重要的理论家，曾出版了《城市》《RSVP 循环体系》《哈普林的笔记》等著作。哈普林的设计注重处理人与自然的关系，并在设计中融入了自然生态原则的思想。他还创造性地发明了社区工作体的工作方法，引导市民过程参与与集体创作。

6.2.2　空中的森林——榉树广场

项目地点：埼玉县埼玉市

项目时间：2000 年 4 月

设计师：佐佐木英夫

景观设计师的使命，是把三维空间语言给予不同语言的风景，并让其表达出来。

——佐佐木英夫

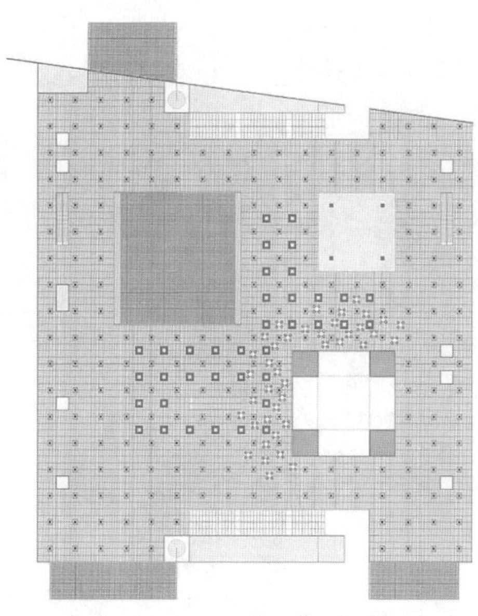

图 6-7 榉树广场平面图

榉树广场是 1995 年度国际设计竞赛中的获奖作品，2000 年 4 月于埼玉新都馨竣工。广场在市中心铁路车场遗址上建造，城市广场面积约 $1hm^2$，是距地面 7m 的屋顶花园。空中广场栽植了 220 棵 6m×6m 呈网格排列的榉树。在这片榉树林中，设置了具有展望和商业功能的“森林的休闲廊”交流广场—“下沉式广场”、“草之广场”、座椅、台阶状跌水等空间。相邻的榉树枝头相连，从而形成一个“绿色屋顶”，使得城市中心拥有了一片自然。这是现代广场设计中罕见的举动，它以榉树这种自然植物景观取代了那种以建筑、广场、道路为主的市中心公共景观（图 6-7、图 6-8）。

在这块人工化的地盘上模拟出了自然的生态场所，矩阵行列式布置的榉树，被赋予了人工唯美的物质，也让人体会了人工自然的特征（图 6-9）。

佐佐木英夫的作品是传统与现代相结合的“人性化”设计，同时又充满了人类最基本、最素朴、最日常的活动需求。设计师更多的从人性场所、公共行

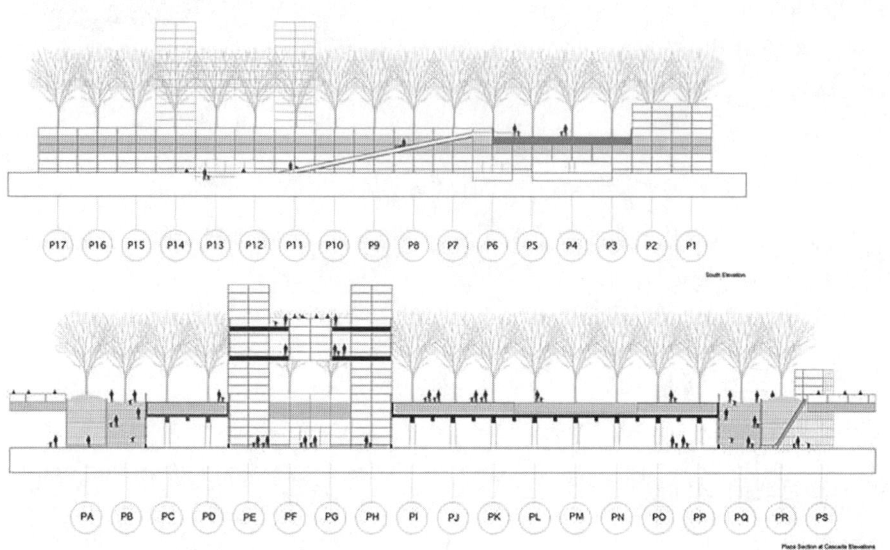

图 6-8 榉树广场设计图

图 6–9　榉树广场实景图

为等一系列真正为人服务的角度出发，寻找或者创造人工理解下的景观场所，使人在景观场所中得到归属感和认同感。当一个场所令它的使用者感到愉悦，能够体验到他们真正想要的东西，那么就可以说这是一个成功的设计，真正成为人们的生活场所。

佐佐木英夫

Hideo Sasaki

佐佐木英夫事务所创始人，SWA 事务所创始人之一。

主要作品：佐佐木的设计并不拘泥于一种特定的风格，而是坚持创造优质的设计。其主要作品包括：约翰·迪勒总部景观设计、格里纳克公园、林肯纪念堂景观改造等。

图 6–10

主要思想：奥姆斯特德的田园风光传统思想对佐佐木的设计理念产生了很大影响。佐佐木设计中十分注重生态环境与城市的和谐共生，并且他认为，景观设计不应停留于对景观本身的关注，而是作为一个现代主义建筑和雕塑的平静而高贵的背景。

6.2.3　水之舞台—达拉斯水景广场

项目地点：美国—德克萨斯州达拉斯

设计师：丹 · 凯利

不仅仅是复制自然，而是将人自然的体验引入城市环境之中来。

——丹 · 凯利

广场位于美国达拉斯市中心，占地约 6 公顷，环绕着艾利德银行塔楼，以出色的城市环境设计造就了城市中最具有魅力的公共空间。

喷泉广场的设计可分为三个层次：首先在整个场地平面铺放边长 5m 的网格作为首层空间，网格的交叉点种植了 200 棵落羽杉，将树木栽种在圆形种植池里。在第一层结构的基础上，在每一个方格正中布置喷泉，形成第二层网格。这样，整个场地上 70% 被水覆盖，在有高差的地方形成跌落水池。在第三层结构上，凯利设计了宽达 10m 的十字交叉型混凝土铺装，铺装四周是水体。在十字交叉点上，他设计了 1m 见方的网格，这些网格的交叉点上密密麻麻的排列了 361 个小喷泉，它们由电脑控制，可以喷出不同形状的水流（图 6-11）。

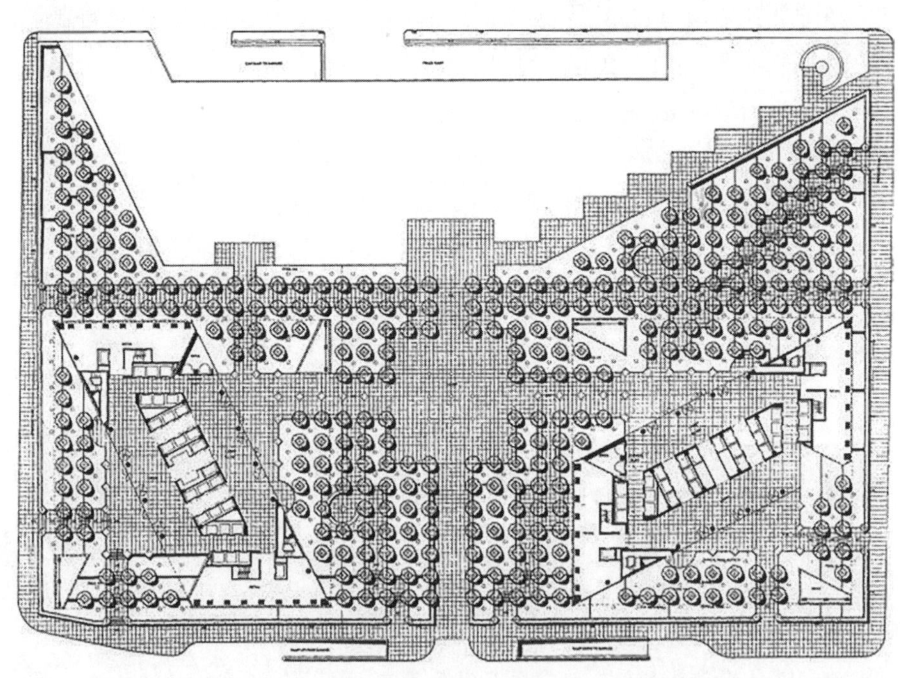

图 6–11　达拉斯水景广场平面图

整个广场由植物、水体和喷泉组成，这些元素的组合变化表达了凯利对于场地空间的理解和重组。喷泉广场的设计彻底改变了人们对城市空间的感觉，被视为结构主义的代表作之一。广场设计要素在空间上的联系与暗示，形成有序地组合方式。一些常见的符号通过排列、变形、分裂，加强了环境语言的信息传递。

凯利则将喷泉广场看做是一个契机，使人与自己生命中最本质的因素相联系起来。达拉斯喷泉广场完成后，给人们提供了一个极好的休息、散步的环境，增强了人们对自然的感知与想象。让人们发现在如此拥挤的商业中心，也能拥有一个如此生态的环境；对于当地的炎热气候，大面积的水面起到了很好的降温作用（图 6-12）。

图 6-12 达拉斯广场实景图

丹·凯利

Dan Kiley

Dan Kiley 事务所

图 6-13

主要作品：在丹·凯利近 70 年的设计生涯中，其作品数以千计，涵盖了私人庭院、公共空间、建筑环境等方面。主要作品包括:米勒花园、科米尔庄园、美国空军学院花园、芝加哥艺术学院南园、达拉斯喷泉广场、坦帕国家银行广场、巴塞罗那博览会德国馆、密尔沃基博物馆花园等。其中米勒花园被认为是丹·凯利的第一个真正现代主义的作品。

主要思想：丹·凯利是现代主义的代表人物，同时也深受古典主义思潮的影响，远离城市的成长与生活环境，使得自然主义根植于其设计思想中。如果说现代主义与古典主义是丹·凯利设计中的理论支撑与素材来源，那自然主义则是这位大师精神层面的向往与追求。

6.2.4 创新的可持续设计——美国圣路易斯城市花园

项目地点：美国，圣路易斯

获奖情况：2011 年 ASLA 综合设计荣誉奖

设计师：nelson byrd woltz landscape architects

“这个项目的影响力远远超越本身的边界。圣路易市对公共领域的重视，全国对这个公共空间都充满关注和热忱。项目的成功也使这座城市能够更好地举办拱门竞赛。设计的重要性不言而喻。景观设计师将艺术优美的融入景观。”

——2011ASLA 专业奖评委会

圣路易斯城市花园是坐落于圣路易斯购物中心旁的公共雕塑园，占地 1.2 公顷。公园设计由私人基金会发起建成，对于恢复城市中心地带活力，复兴周边商业功能，起到积极作用。设计充分考量基地地质、水文、植物群落，并创新的融合雨洪管理技术，营造多元的城市公共绿地空间。

该城市花园设计创新地融入了多项可持续发展景观策略，将雨洪管理、乡土植物保护与利用、社会经济活力振兴相结合。园中三分之二雨水排水系统设于园中，大部分地面均可渗水，并设计有将近 500m^2 雨水花园用以收集、蓄滞和过滤地表径流。不仅如此，该设计巧妙地将艺术融入景观，其中弧形墙的设计最为亮眼，墙体高低错落，并保证了视线的延续性（图 6-14~ 图 6-16）。

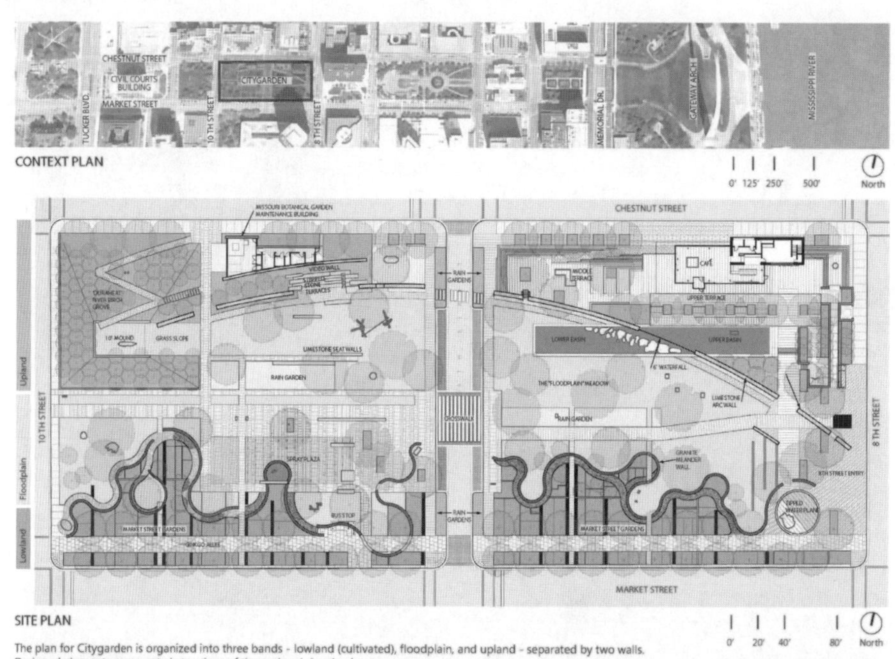

图 6-14 圣路易斯城市花园平面图

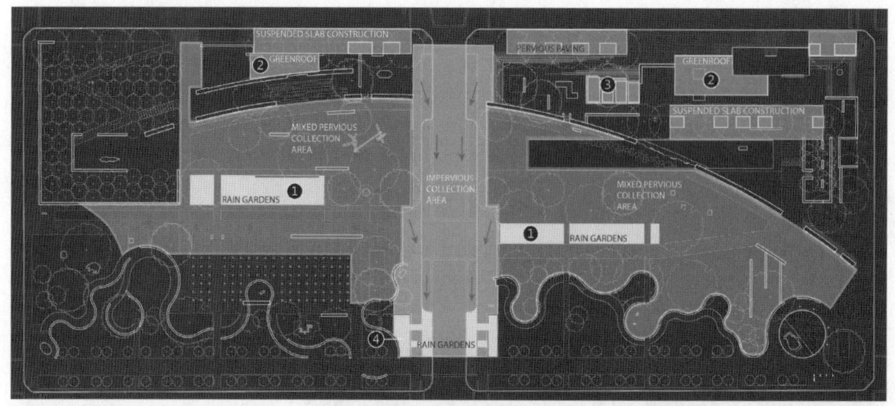

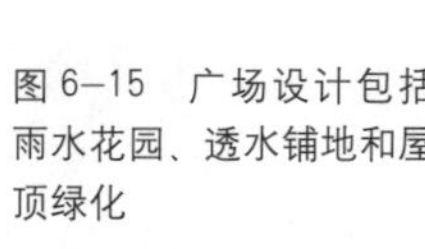

图 6-15 广场设计包括雨水花园、透水铺地和屋顶绿化

图 6–16 圣路易斯城市花园实景图
资料来源：2011ASLA官网/https：//www.asla.org/2011awards/index.html

图 6–16 圣路易斯城市花园实景图（续）
资料来源：2011ASLA 官网 /https：//www.asla.org/2011awards/index.html

6.2.5 变化的舞台——北京五道口宇宙中心广场

项目地点：北京市海淀区成府路展春园西路路口

项目时间：2016 年

设计团队：张唐景观

项目位于北京五道口宇宙中心商业中心前，作为广场改造项目，设计师却发挥了极大的想象力，赋予了广场新的生命。广场景观元素并不复杂，旱喷、树阵以及景观座椅，甚至可以说景观元素十分简洁，广场尽头的一组可以转动的喷泉圆盘成为广场景观的视觉中心和空间标识。圆盘转动一圈需五十分钟，当转盘里的这组泉和树回到原来的位置时，旱喷泉水开始持续十分钟的涌动，然后继续下一个五十分钟的转动。“时间的度量结合在空间设计上，产生仪式化的效果。”设计师巧妙的将“时间”要素融入到设计之中，产生景观的“时空通感”，让参与其中的人体验景观的动感，感知时间的流动，感悟生活的仪式感（图 6-17）。

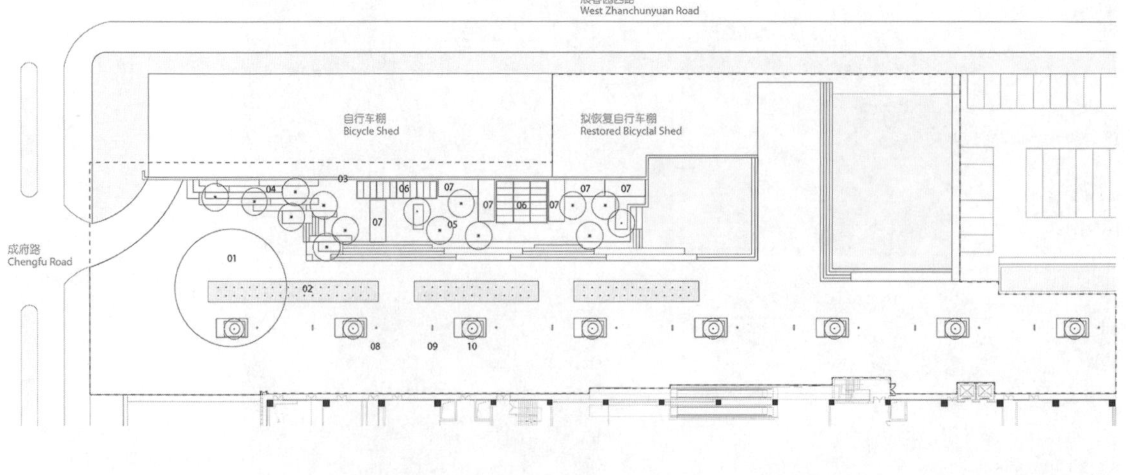

图 6–17 五道口宇宙中心广场平面图

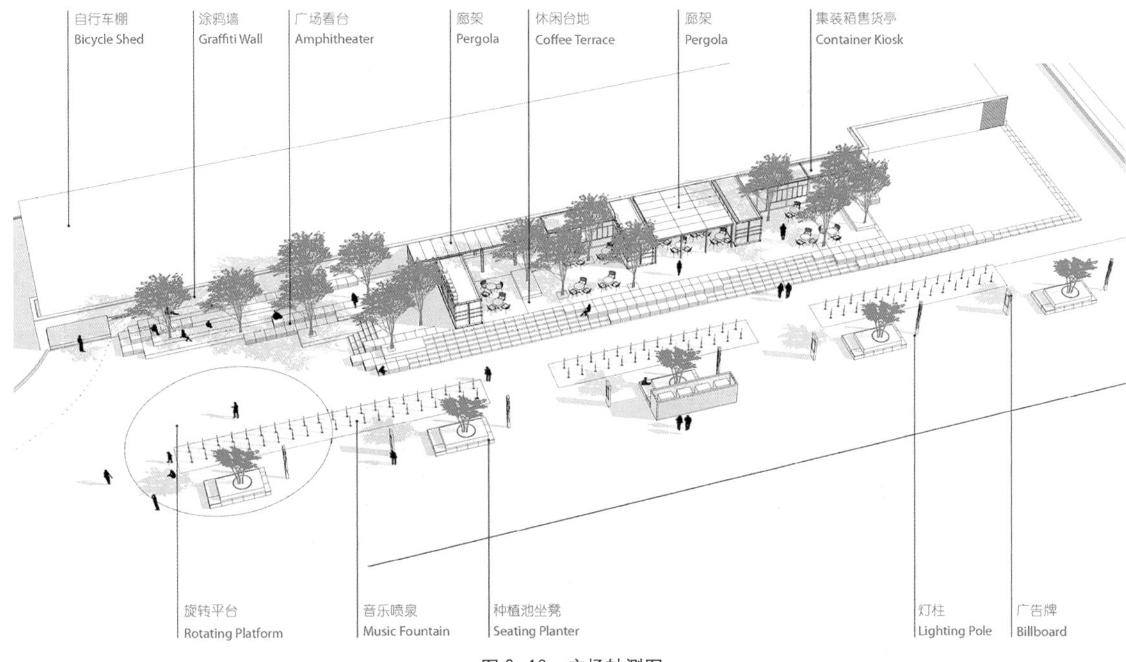

图 6–18　广场轴测图

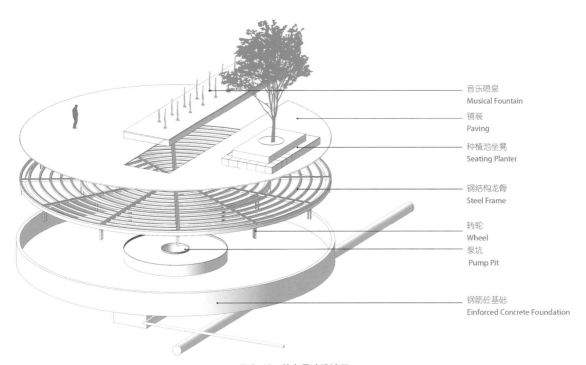

音乐喷泉
Musical Fountain
铺装
Paving
种植池坐凳
Seating Planter
钢结构龙骨
Steel Frame
转轮
Wheel
泵坑
Pump Pit
钢筋砼基础
Einforced Concrete Foundation

图 6–19　转盘旱喷设计图

图 6-20　五道口宇宙中心广场实景图
资料来源：张唐景观

6.3　设计要点清单

NO.1 “业态” 要点清单

□ 1. 了解广场在城市中的区位条件

包括用地的地理区位、交通条件（周边道路交通 / 公共交通 / 步行可能性等）、与城市核心区的关系（城市门户 / 紧邻城市核心区 / 城市道路交叉点）等。

□ 2. 实地走访调研，详细了解并分析广场周边情况

周边地块功能（商业 / 居住 / 娱乐 / 工业等）、使用人群（现状使用者 / 潜在使用者）、人流来向及去向等情况。

□ 3. 对广场的功能及用途进行评估和定位

市政广场：有强烈的城市标志作用，有着明确的指向性作用；
纪念性广场：结合城市历史，应既便于瞻仰，又不妨碍城市交通；
交通性广场：以交通疏导为主；
休闲广场：以服务市民生活为主，满足休闲、交往、娱乐功能，通常设计手法比较灵活多样，富有层次性。
其他类型的广场……

还有一些新想法……

NO.2“形态”要点清单

□ 4. 根据场地周边的现状条件，初步确定广场与周边用地的衔接关系

了解周边用地功能及使用条件、周边道路关系、使用者及潜在使用者来向、周边建筑景观界面、对景点等会影响广场空间形态形成的空间要素。

□ 5. 深入分析场地内部的各项空间要素，形成空间景观结构

场地内部空间要素包括：现状建筑与构筑物、竖向高差、积水排水、现有景观设施、土壤情况、植被现状、场地边界、空间开敞郁闭度特点等；空间景观结构包括主要景观点、景观视线序列与轴线、大致的功能分区等。

□ 6. 在广场功能定位的基础上，根据场地空间特征对功能区进行空间亚划分

根据现状条件设置如集散区、入口空间、形象展示空间、休闲空间、老人儿童活动空间等公共活动的区域。功能区应结合场地特殊的空间特征，包括竖向高差、城市观景面、现状植物、道路可达性条件等。

□ 7. 把握空间尺度，营造亲切宜人的空间感受

广场的尺度和人的视觉感知有紧密的关系，面积过大的广场会引发人们的焦虑和无依靠感，尽量通过增加界面围合、地面高差转化、景观材料变化等手段打破空间的单调。

□ 8. 人的视觉体验是形成场所感的关键

根据人与景物的关系、距离与视线的关系不同产生的空间感，从而营造不同的空间氛围。

□ 9. 边界是联系广场与城市的重要界面

若广场边界是建筑时，建筑设计应该尽量考虑灰空间的设计。

当广场周围的建筑有很大的空隙（空场地、停车场或者宽车道等）需要用植物、构筑物、景墙等景观要素维持连续性或是营造过渡空间。

当广场周边是街道时，广场边界也应该围合，但应使用较低的边界围合元素，比如矮小的护栏、绿篱和座椅等，以保证视线的通透及可达性。

注意：通过观察我们可以发现，往往凹凸变化的广场边界相比更受人们的欢迎，可以借助广场地面变化或景观设施的布置形成有趣的广场边界空间。

□ 10. 广场入口空间设计

入口空间应该能够保证视觉和行为的可达性，因此入口空间与城市道路的关系、视觉景观界面，特征性和识别性都极为重要；同时还应考虑到人流的疏散和其他行为需求。

□ 11. 根据场地的空间特征、功能设置、观景需求合理组织广场内外交通流线

应该考虑广场内外的车行交通、人车分流或人车共享的实际问题；鼓励步行的景观设计以及无障碍设计等要求。

□ 12. 合理配置广场的景观设施

广场景观设施包括了广场铺装、户外家具、标识系统、花池、座椅、照明设施等。

□ 13. 公共艺术及小品

醒目而充满设计感的公共艺术，能够营造一种欢乐喜悦的气氛，同时也能让广场充满视觉聚集点，能够引发交流活动并且增进观景者之间的交流，好的公共艺术应该能够促进人际接触。

还有一些新想法……

NO.3“生态”要点清单

□ 14. 了解场地及周边的水文径流情况

了解场地周边是否有河流、湖泊、江海等自然水源以及场地内部的水文情况，是否有洼地、积水区或是冲沟等自然径流区域，可为后续空间设计和场所营造提供线索。

☐ **15. 广场排水体系应结合地形地势现状整体设计**

根据场地地形合理设计排水体系，尽量减少地表径流，整合渗透池、渗水沟、绿色街道、生态停车场等要素形成广场景观排水体系。

☐ **16. 植物配置应遵循生态效益最大化原则**

注意搭配比例，以乔、灌木为主，增加绿化层次和生态效益；注意群落内部乔、灌、草之间色彩、质地、形态的协调和层次感；遵循植物的生态习性，避免将相互干扰生长的植物搭配在一起。

☐ **17. 广场的高层植被的选择原则**

应选择冠幅大、枝叶密的乔木，达到良好的遮阴效果；树木种植的高度和密度不应挡住广场使用者观看活动和表演区域的视线，应选择分支点较高的乔木；应注意常绿、落叶树种的搭配，避免空间郁闭、沉闷；选用观果树种，有利于引吸鸟类；选择深根性乔木以利于抗风。

☐ **18. 广场的底层植被的选择原则**

广场草坪能提供开阔的视野，用于休闲游戏的草坪应选择耐践踏的草种，观赏性草坪应选择绿期长、观赏价值高的草种；广场灌木的选择应注意耐修剪，配置时可利用花灌木营造丰富的季相景观。复层植物群落中的灌木应注意耐阴；广场草本花卉组合搭配应注意花期的重合度及色彩搭配的协调性。

还有一些新想法……

NO.4 **“情态”要点清单**

☐ **19. 深入了解场地的历史文脉**

了解场地周边是否有历史遗迹、历史建筑或构筑物、其他重要的历史资源；了解场地过去的“故事”以及未来的发展意象。

☐ **20. 结合场地的历史文脉和地域特征，在设计中融入景观文化的要素**

地域自然环境特征意象地融入：如对特殊的地理环境的抽象表达、对地域景观材料和乡土性植物的运用等。历史文脉的延续：充分了解场地及周边的历史遗迹、工业遗址等文化景观内涵，在景观布局、景观序列和景观轴线上与其呼应；在景观设施（如铺装、景观小品、街道家具等）的设计中充分考虑历史景观素材的再利用和再演绎。

☐ **21. 充分考虑广场现有使用人群及潜在使用人群的行为活动需求**

通过观察和调研，发现或预判广场上的使用人群包括哪些？有哪些潜在的使用人群？这些使用人群有什么样的行为及活动需求？

针对不同的活动目的，设计时应该进行相应的功能梳理：如希望步行快速穿越广场的人群肯定不会想在广场喷泉前逗留的人群中迂回前进；短暂驻留、休闲的人群，希望能够有一个舒适可以坐下，又不远离热闹人群的空间；而集会、交往需求的人群在广场上往往希望能够有一个平坦、开阔、可以多人集合的地方。

☐ **22. 针对不同人群类型的活动特征**

如使用人群年龄层次的不同：老年人是最愿意和最有时间到广场进行自发性活动的人群，所以需要安全、开阔、舒适的广场环境；成年人通常对公共的社会交流的活动参与较多，所以对广场的交谈私密空间要求较多；孩童通常喜欢一个空间层次丰富、色彩多样的空间，所以更喜欢广场更多趣味空间，当然，在儿童活动的区域上，也要考虑陪同家长的需求。

还有一些新想法……

注：已完成请在☐内打✓

6.4 实战演练

设计场地面积28000m^2，场地周边商业氛围浓厚。北面是酒店，东面是商住混合区，南面靠近城市主干道和重庆火车站站前广场、西面靠近城市主干道，车流量较大，是行人进出三峡广场的缓冲地带（图6-21）。

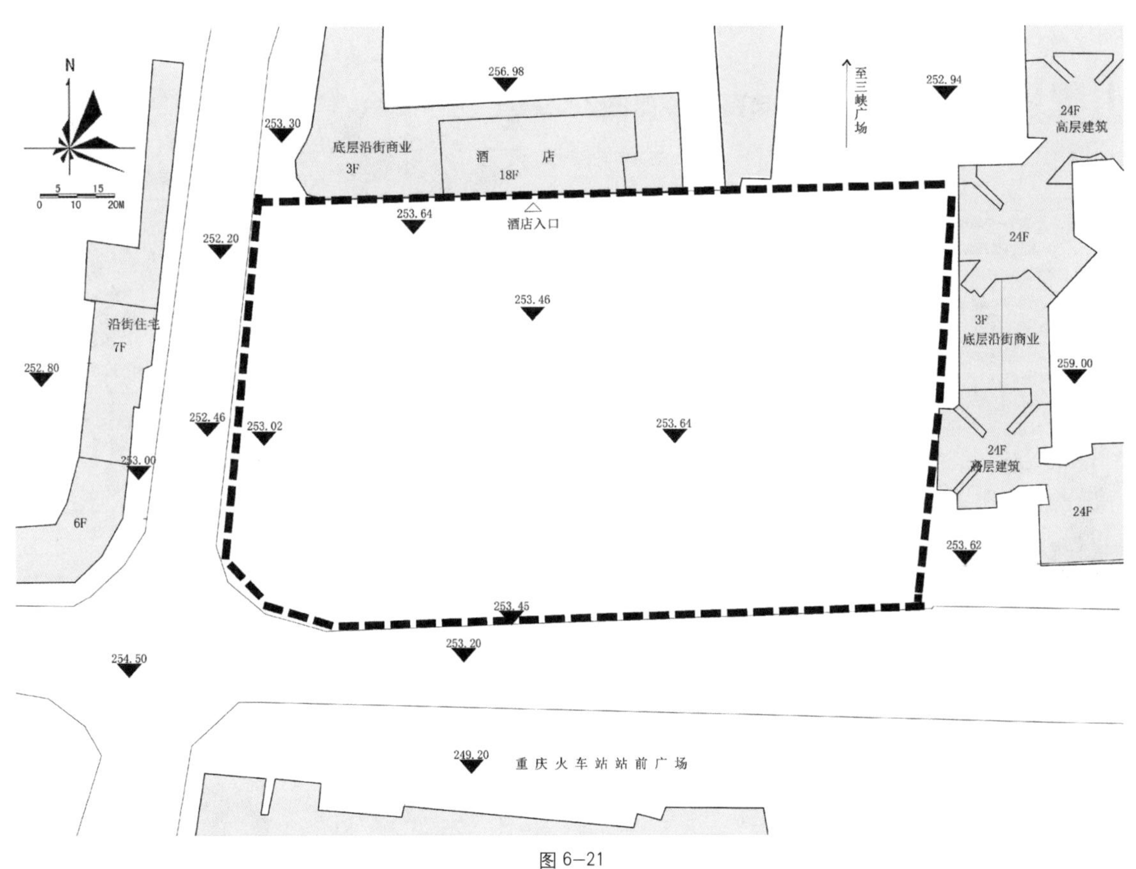

图6-21

本次设计要求是对酒店前面的广场进行景观设计。设计要充分利用场地自然地形和周边环境，广场设计既要满足人群地穿行的便捷交通要求，又可以吸引人群停留驻足，进行各种活动。

学生作品评析

重庆大学建筑城规学院风景园林2006级学生作业（图6-22）

学　　生：曹华杰

指导老师：杜春兰、许芗斌

山里的黄桷树·寻找城市基因·集体记忆的释放
城市公共空间景观设计（一）
一种山地城市的灵气
设计宣言：对于一个城市的门户公共空间，我们试图去寻找她的象征价值，同时也是属于当地公众的集体非意识价值寻求一种城市解读与城市认同的切合方式，他们不是对地的存在，而是一种共生的关系
号角响起，扬帆踏上设计与寻找的征程
备战阶段设计前夕，粮草搜集
一号战线：场地区域空间解读
本案原名绿色艺术广场，位于重庆沙坪坝区中心地段，属繁华商业步行街三峡广场组成部分，北侧与三峡广场相通，西南侧有两条单向城市干道。
本案
沙坪坝
渝中区
大区域
微观区域
中观区域
本案
住宅
火车站
铁路线
二号战线：交通结构解读
第一小分队：公路战线
由于三峡广场人车完全分流导致商业圈外围交通压力过大
重庆区域公路交通网络
高速公路
城市干道
场地交通现状
人行交通
车行交通
第二小分队：轻轨战线
重庆积极建设轻轨交通，规划中有三条线路通过沙坪坝站，一号、九号、环线
一号线路沙坝至朝天门站将于2010年年里通车，2011年年里沙坝至虎溪校区通车，
沙区到解放碑将有新捷径，仅需26分钟，至虎溪只需半小时。
重庆未来轻轨规划线路
一号轻轨线路
第三小分队：铁路战线
由于火车北站的建设，沙坝站的客运量剧降，一共只有十一趟列车在此停站，主要客流为成都，贵阳，重庆北站
但北站兼有购票功能，现已成为主要人流
三号战线：社会、经济角色推断
社会性质追踪：本案为三峡广场的组成部分，横向比较，重庆解放碑、杨家坪步行街、江北观音桥、南坪步行街与其同等级
观音桥步行街
解放碑
三峡广场步行街
杨家坪步行街
南坪步行街
三峡广场为重庆商业步行街五足鼎立之一，沙区的第一购物休闲场所，同时也是沙区对外交通门户，负担城市形象职能
经济体系剖析：将三峡广场整体经济结构做调查统计，调查到三峡广场商业圈267家商店分类
经济分析：购物，餐饮，娱乐，是商业步行街的重要特征，而三峡广场的业态结构中服饰购物所占比例过大，饮食业没有形成系统，缺乏特色，商业娱乐空间缺乏
三峡广场业态结构
国内著名街业态结构
国际通用业态结构

图 6—22

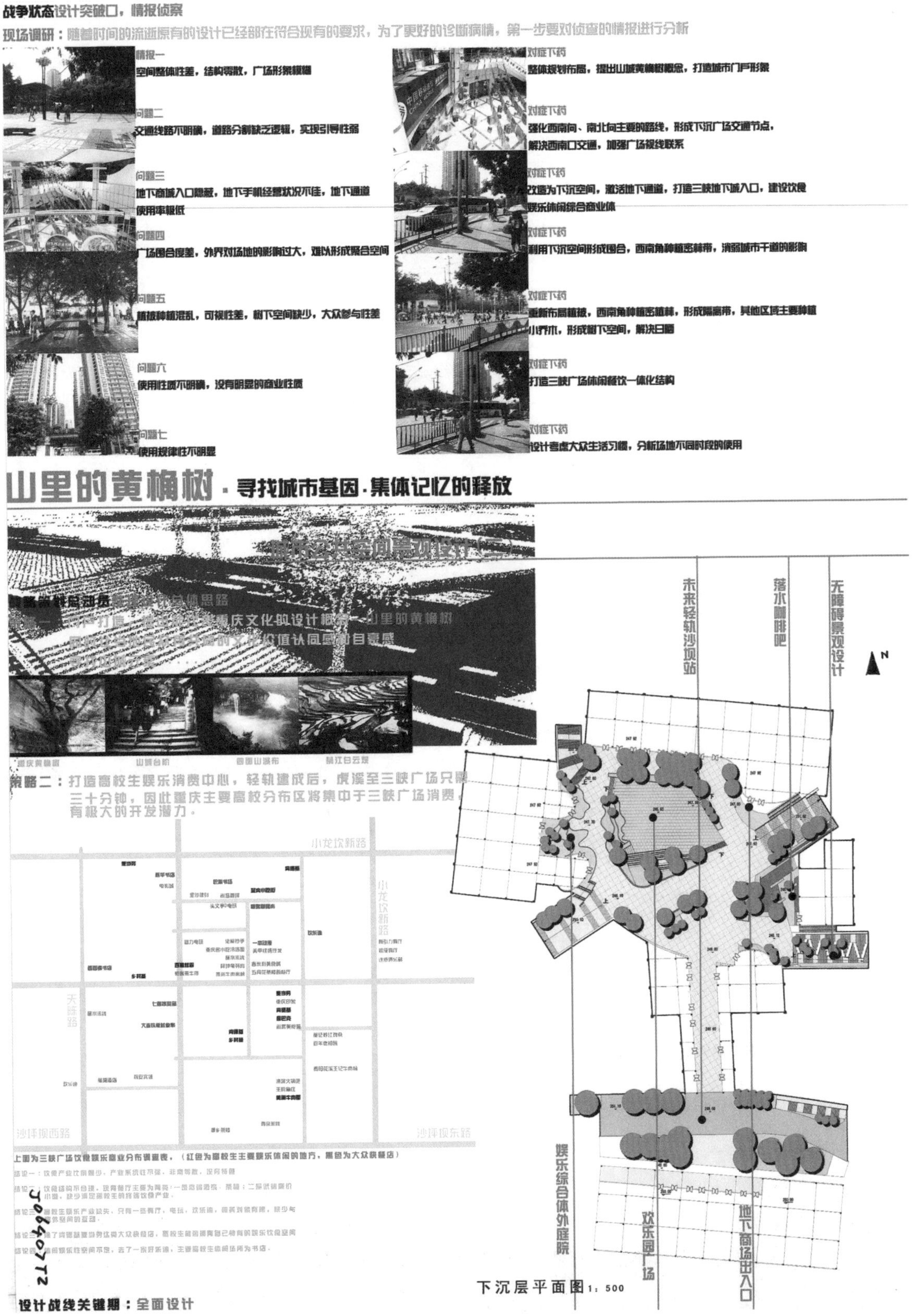

战争状态设计突破口，情报侦察

现场调研：随着时间的流逝原有的设计已经部在符合现有的要求，为了更好的诊断病情，第一步要对侦查的情报进行分析

情报一
空间整体性差，结构零散，广场形象模糊

问题二
交通线路不明确，道路分割缺乏逻辑，实现引导性弱

问题三
地下商城入口隐蔽，地下手机经营状况不佳，地下通道使用率极低

问题四
广场围合度差，外界对场地的影响过大，难以形成聚合空间

问题五
植被种植混乱，可视性差，树下空间缺少，大众参与性差

问题六
使用性质不明确，没有明显的商业性质

问题七
使用规律性不明显

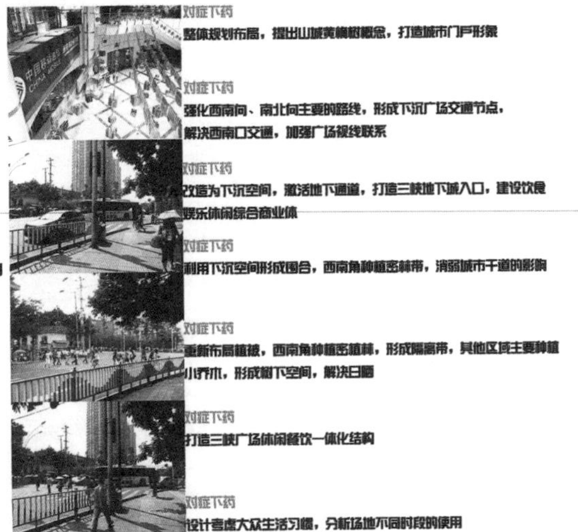

对症下药
整体规划布局，提出山城黄桷树概念，打造城市门户形象

对症下药
强化西南向、南北向主要的路线，形成下沉广场交通节点，解决西南口交通，加强广场视线联系

对症下药
改造为下沉空间，激活地下通道，打造三峡地下城入口，建设饮食娱乐休闲综合商业体

对症下药
利用下沉空间形成围合，西南角种植密林带，消弱城市干道的影响

对症下药
重新布局植被，西南角种植密植林，形成隔离带，其他区域主要种植小乔木，形成树下空间，解决日晒

对症下药
打造三峡广场休闲餐饮一体化结构

对症下药
设计考虑大众生活习惯，分析场地不同时段的使用

山里的黄桷树·寻找城市基因·集体记忆的释放

城市公共空间景观设计（三）

策略一：打造……重庆文化的设计概念——山里的黄桷树
……值认同感和自豪感

重庆黄桷树　山城台阶　四面山瀑布　綦江白云观

策略二：打造高校生娱乐消费中心，轻轨建成后，虎溪至三峡广场只需三十分钟，因此重庆主要高校分布区将集中于三峡广场消费，有极大的开发潜力。

上图为三峡广场饮食娱乐商业分布调查表，（红色为高校生主要娱乐休闲的地方，黑色为大众快餐店）

下沉层平面图 1：500

设计战线关键期：全面设计

图6-22（续）

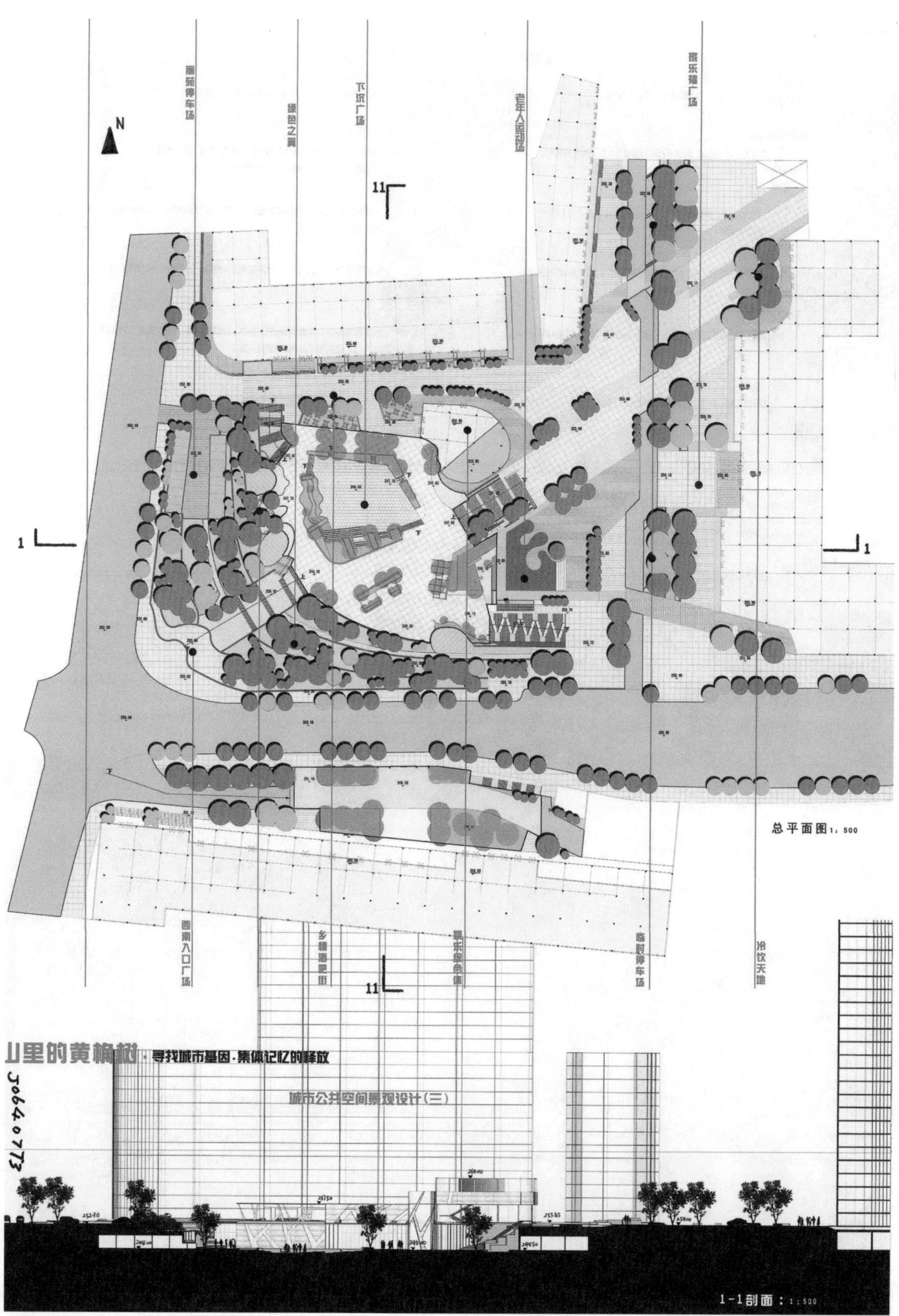
雨苑停车场
绿色之翼
下沉广场
老年人运动场
家乐福广场
西南入口广场
乡场酒吧街
娱乐综合体
临时停车场
冷饮天地
总平面图1：500
山里的黄桷树·寻找城市基因·集体记忆的释放
城市公共空间景观设计(三)
1-1剖面：1：500

图 6–22（续）

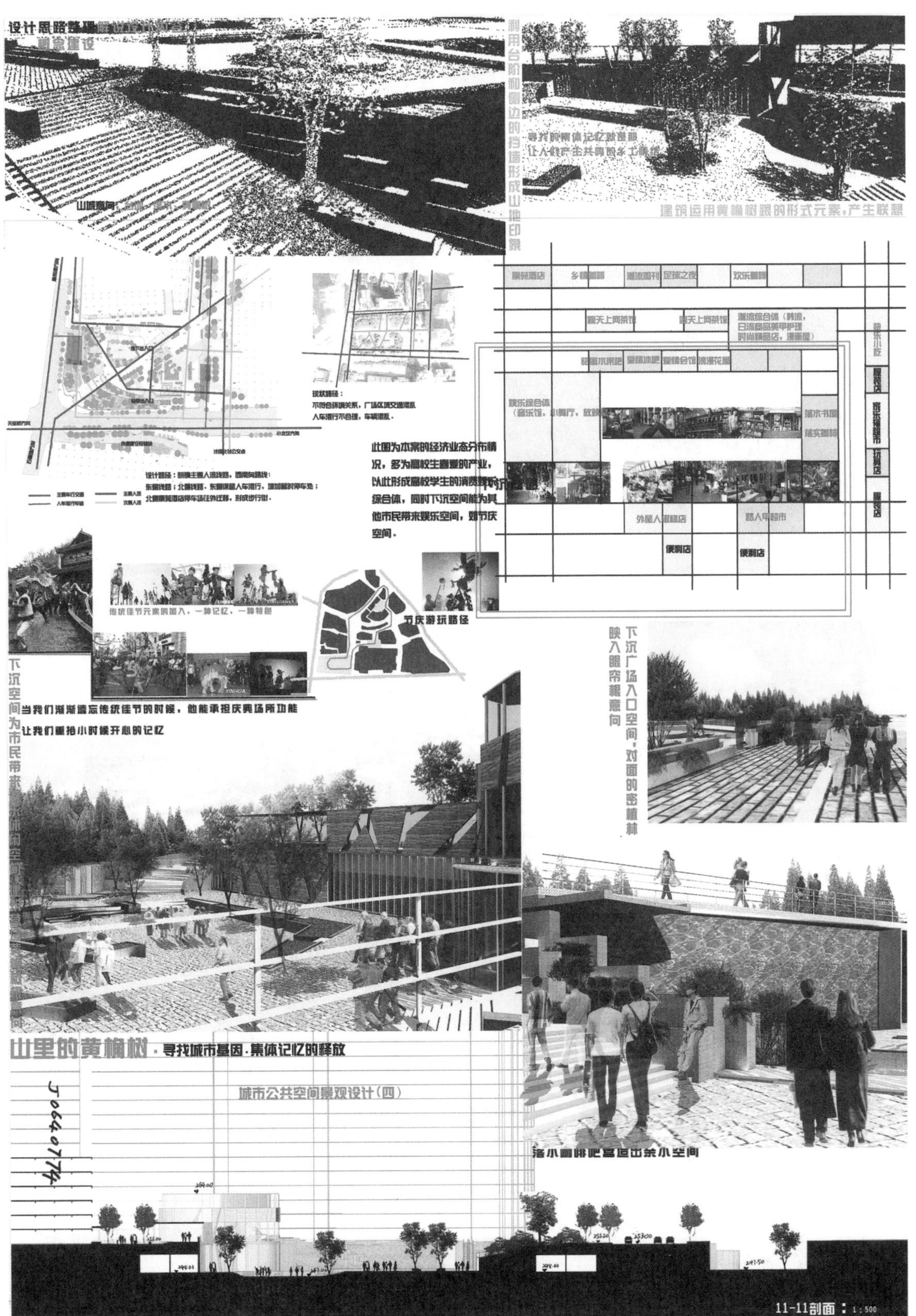
利用台阶和侧边的挡墙形成山地印象
建筑运用黄桷树根的形式元素，产生联想
节庆游玩路径
传统佳节元素的加入，一种记忆，一种特色
下沉广场入口空间，对面的密植林映入眼帘根意向
当我们渐渐遗忘传统佳节的时候，他能承担庆典场所功能
让我们重拾小时候开心的记忆
此图为本案的经济业态分布情况，多为高校生喜爱的产业，以此形成高校学生的消费娱乐综合体，同时下沉空间能为其他市民带来娱乐空间，如节庆空间。
山里的黄桷树·寻找城市基因·集体记忆的释放
城市公共空间景观设计（四）
11-11剖面：1:500

图 6–22（续）

重庆大学建筑城规学院风景园林 2013 级学生作业（图 6–23）

学　　　生：易凤玲、陈南西子

教研组老师：夏晖、郭良、毛华松

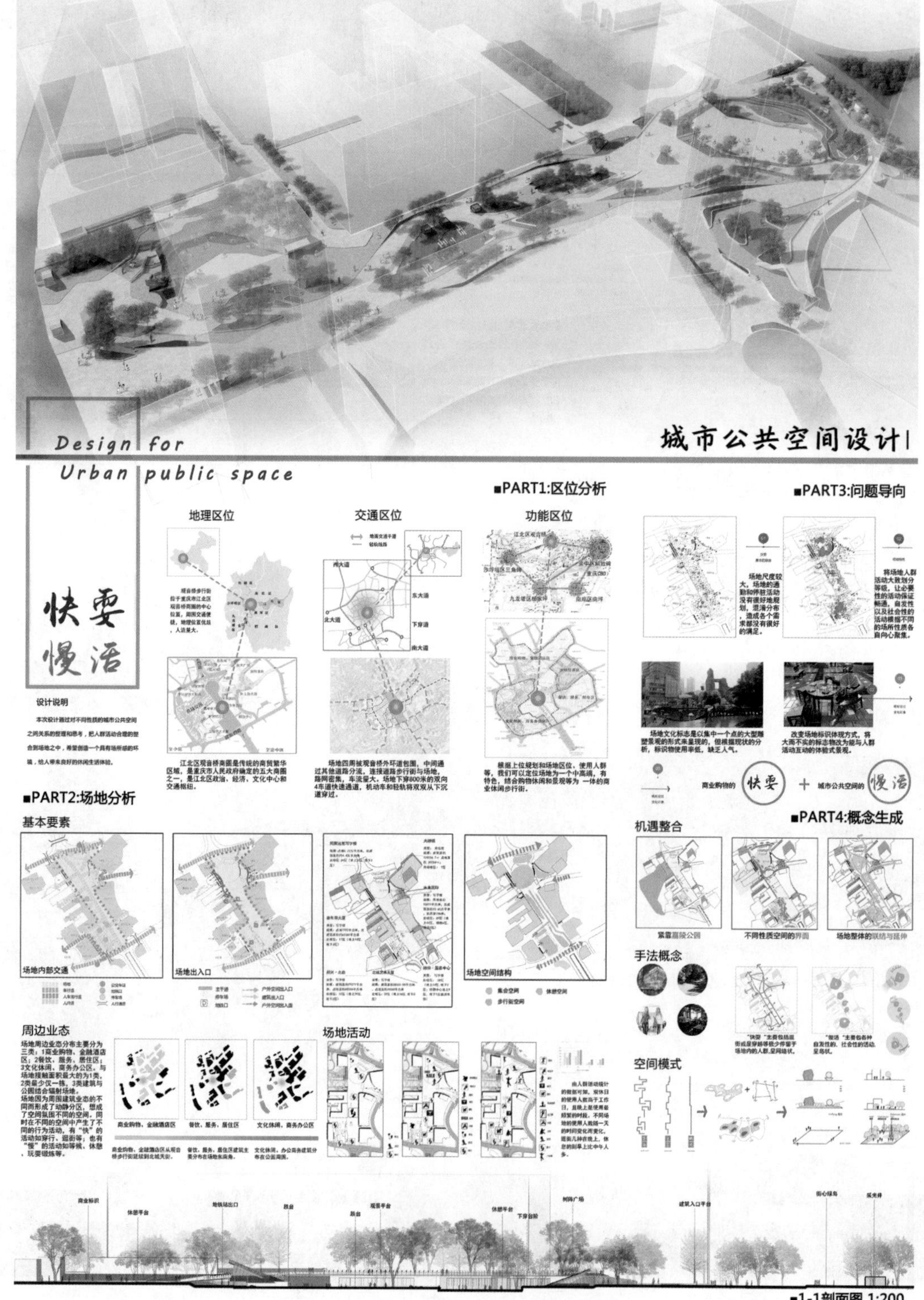

图 6–23

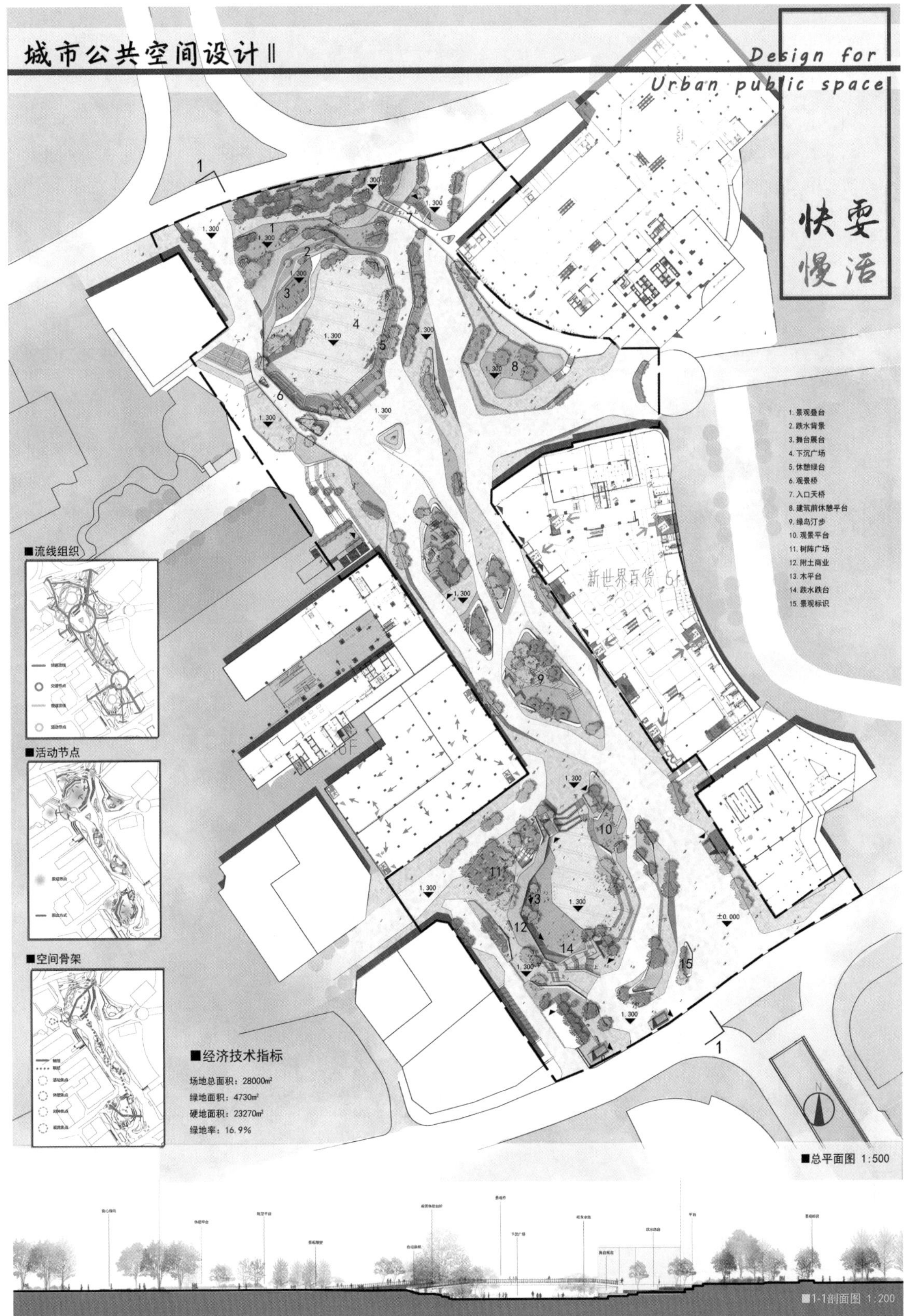
城市公共空间设计Ⅱ
Design for Urban public space
快耍慢活
1.景观叠台
2.跌水背景
3.舞台展台
4.下沉广场
5.休憩绿台
6.观景桥
7.入口天桥
8.建筑前休憩平台
9.绿岛汀步
10.观景平台
11.树阵广场
12.附土商业
13.木平台
14.跌水跌台
15.景观标识
新世界百货 6F
■流线组织
■活动节点
■空间骨架
■经济技术指标
场地总面积：28000㎡
绿地面积：4730㎡
硬地面积：23270㎡
绿地率：16.9%
■总平面图 1:500
■1-1剖面图 1:200

图6-23（续）

乔木部分	植物名称	胸径（cm）	冠幅（m）	数量
1	黄葛树	40-50	8—9	1
1—1	黄葛树	40-50	8—9	2
1—2	黄葛树	40-50	10—12	1
1—3	黄葛树	40-50	7—8	2
2	日本晚樱	20-30	5—7	18
3	银杏	20—30	6—8	12
4	紫叶李	10—15	4—5	5
5	红枫	5—10	2—4	4
6	桂花	25—35	5—7	12
7	玉兰	10—15	4—5	8
7—1	玉兰	10—15	6	1
8	碧桃	3—8	2—3	6
灌草部分	植物名称	株高（cm）	冠幅（m）	
a	小叶女贞	50—100	2—2.5	\
b	金叶假连翘	50—100	2—2.5	\
c	红花檵木	50—100	1—2	\
d	绣球花	30—50	1—1.5	\
e	肾蕨	15—30		\
	马蹄金	\		\
	白花酢浆草	\		\
	黄金菊	\		\

图 6—23（续）

乔木部分	植物名称	胸径（cm）	冠幅（m）	数量
1	黄葛树	40-50	8—9	3
1—1	黄葛树	40-50	10—12	1
1—2	黄葛树	40-50	10—12	1
2	日本晚樱	20-30	5—7	5
3	银杏	20—30	6—8	12
3—1	银杏	20—30	5—6	6
4	紫叶李	10—15	4—5	6
5	红枫	5—10	3—4	9
5—1	红枫	5—10	2	6
6	桂花	25—35	5—7	6
7	玉兰	10—15	4—5	9
7—1	玉兰	10—15	2	18
8	三角枫	30—40	8—10	2
9	鸡爪槭	10—12	3—4	6
9—1	鸡爪槭	5—8	2—2.5	2
10	小叶榕	30—40	7—11	17

灌草部分	植物名称	株高（cm）	冠幅（m）	
a	小叶女贞	50—100	2—2.5	\
b	金叶假连翘	50—100	2—2.5	\
c	绣球花	30—50	1—1.5	\
	马蹄金	\		\
	白花酢浆草	\		\
	黄金菊	\		\

图 6—23（续）

6.5 设计与思考

1. 城市广场景观设计应该注意哪些问题?

2. 近年来，广场舞扰民问题一度成为社会各界讨论的热点话题，广场舞现象一方面反映了城市活力，但也常常伴随着对周边居民日常生活不同程度的干扰。你认为，在提升城市广场活力和维护城市公共环境之间，景观设计可以做些什么?

第7章 城市街道景观设计

场景感知
案例解析
设计要点清单
实战演练
学生作品评析
设计与思考

7.1 场景感知

☆ 诗中的街道

朗读诗歌

长安大道连狭斜，青牛白马七香车。玉辇纵横过主第，金鞭络绎向侯家。

——《长安古意》卢照邻

东南形胜，三吴都会，钱塘自古繁华。烟柳画桥，风帘翠幕，参差十万人家。云树绕堤沙，怒涛卷霜雪，天堑无涯。市列珠玑，户盈罗绮，竞豪奢。重湖叠巘清嘉，有三秋桂子，十里荷花。羌管弄晴，菱歌泛夜，嬉嬉钓叟莲娃。千骑拥高牙，乘醉听箫鼓，吟赏烟霞。

——《望海潮》柳永

天上的街市

郭沫若

远远的街灯明了，
好像闪着无数的明星。
天上的明星现了，
好像是点着无数的街灯。
我想那缥缈的空中，
定然有美丽的街市。
街市上陈列的一些物品，
定然是世上没有的珍奇。
你看，那浅浅的天河，
定然是不甚宽广。
那隔河的牛郎织女，
定能够骑着牛儿来往。
我想他们此刻，
定然在天街闲游。
不信，请看那朵流星，
那怕是他们提着灯笼在走。

> **想一想**：你能从以上诗歌中体会到怎样的环境氛围？如何理解诗中所描绘的街景呢？

☆ 了解世界十大魅力步行街（图 7–1）

1. 美国纽约第五大道
2. 法国巴黎香榭丽舍大街
3. 英国伦敦牛津街
4. 日本东京都新宿大街
5. 韩国首尔市明洞大街
6. 新加坡乌节路
7. 德国柏林库达姆大街
8. 奥地利维也纳克恩顿大街
9. 俄国莫斯科市阿尔巴特大街
10. 加拿大蒙特利尔地下城

图 7–1　十大步行街

> **思考**：上述这些城市街道都有什么特点？在城市中你希望有怎样的步行体验？回忆你见过最美的城市街道是什么样的？说说它为什么会给你留下如此深刻的印象？

☆ 画一画（图 7–2）

图 7–2　城市街道手绘作品

图片来源：上林国际文化有限公司 .EDSA（亚洲）景观手绘图典藏 [M]. 中国科学技术出版社，2005.

试着在下方画出你认为最美丽的城市街道！

7.2　案例解析

7.2.1　欧洲最美丽的林荫大道——巴塞罗那兰布拉街道

巴塞罗那的兰布拉大街被誉为欧洲最美丽的林荫大道之一，同时也是巴塞罗那最负盛名的步行街，全场 1.8 公里，从北到南分为五段，中央步行道自始至终种植双排悬铃木，贯穿整个旧城区，是巴塞罗那游览生活的中心（图 7-3）。

兰布拉街道变成欧洲最美丽的绿荫大道源于在 20 世纪 80 年代开始的城市改造计划，通过缩减机动车道、恢复历史广场、道路无障碍设计、沿街建筑立面整治等一系列工程的实施，形成了独具特色的城市街道空间建设与发展模式，并进而成为“巴塞罗那经验”的重要组成部分（图 7-4）。

图 7-3　兰布拉街道实景图

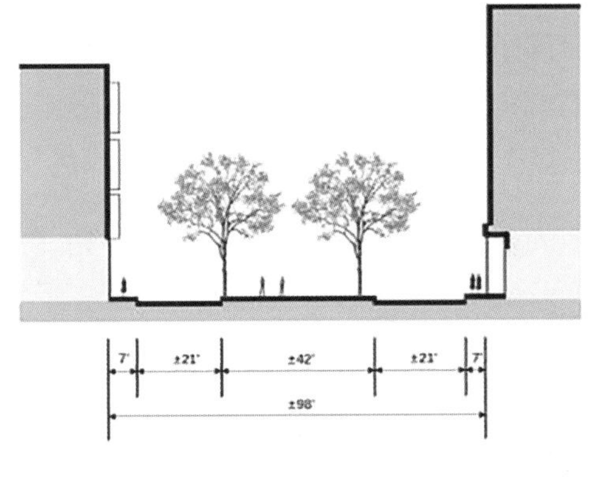

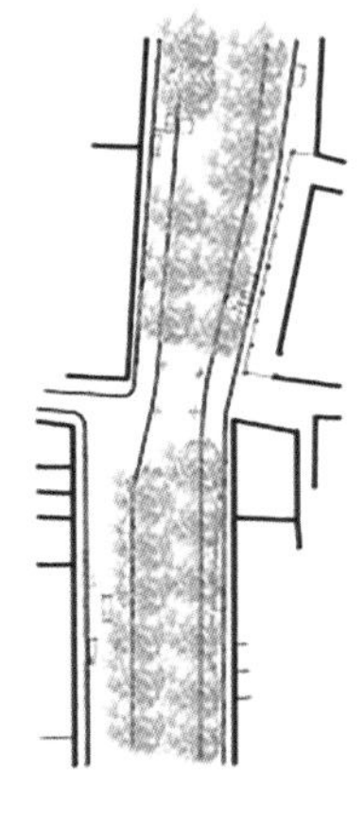

图 7-4　兰布拉街道断面及平面图

兰布拉大街受到奥斯曼改建巴黎林荫道设计手法的影响，采用树木作为步行道与车行道的分割。兰布拉大街行人拥有优先路线，宽阔的步行道位于大街中央，机动车道则被退居两侧。中央步道在最狭窄的地方也有 11m，而最宽处有 24m，大多数地段是 18m 宽；车行道相比步行道要狭窄很多，只有 4.5m 到 10m，行人可在街道两侧自由穿越。虽然街道很宽，可通行的宽度几乎达到了 100 英尺，但是这条街道仍能给人带来亲切的感觉。这大概是因为，狭窄的车行道、凸窗、标志牌、遮阳篷、都是亲切感的来源。街道中的内容非常丰富，中央步行道上设置有座椅，在路缘石的一侧是绿化带，并与树木结合在一起。这些1m宽的绿化带在道路交叉口前终止，在这段街区的中央大约延伸了75英尺。咖啡店位于临时搭建的帆布结构下，在春天或夏天的时候，会沿中央步行道不时地设置几处临时性的咖啡吧。整个环境优雅舒适。

7.2.2 城市雨水的可持续管理——波特兰 NE Siskiyou 绿色街道

项目地点：Portland，Oregon

获奖情况：2007 年 ASLA 综合设计类荣誉奖

“短距离、温馨并简单，这是居住区雨洪管理计划的典型范例。它用很少的投入解决了大量的环境问题，并为设计师、决策者和居民等树立了原型。它的工作涉及每个层面，甚至是交通，而且它甚至比现有景观还好看。”

——评委会评语

改造后的NE Siskiyou绿色街道改变了这条有80年历史街道的雨水管理方式，被认为是波特兰市最好的绿色街道雨洪改造工程实例之一。这条绿色街道每年可以管理22.5万加仑的雨水径流。类似这样的绿色街道可以在2万美元的投资内完成景观设计和修建（图7-5、图7-6）。

在绿色街道上，水流从一万平方英尺的NE Siskiyou绿色街道及周边行车道形成的雨水径流沿坡而下，流入7英尺宽，50英尺长的路缘石延伸区。并设置了一个18英寸宽的路缘石断口使水能够流入每个路缘石延伸区。

路缘石延伸区入口处设有沉积池，一旦雨水流入景观区并漫延过沉积池，水就被一个7英寸深的截水坝拦住。截水坝由河卵石与碎石砾构成，阻隔雨水

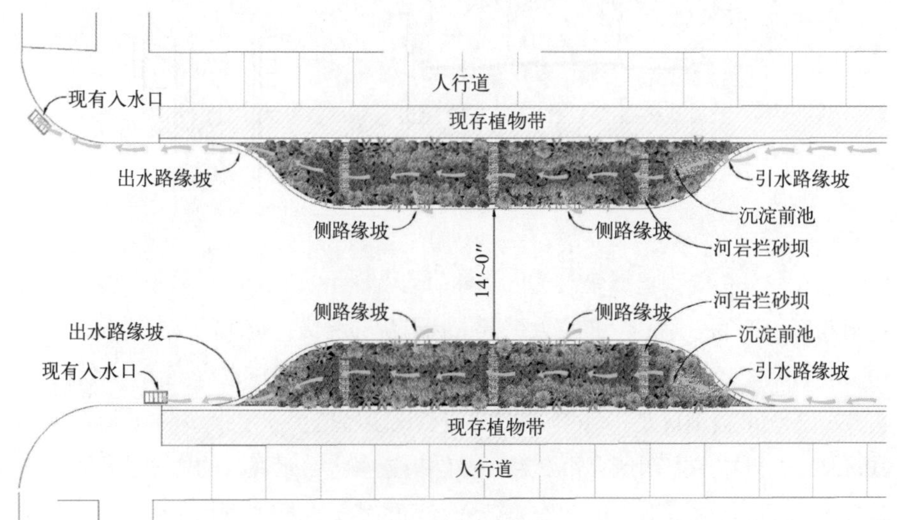

图7-5 绿色街道单元平面图

图 7–6 绿色街道实景图

图 7–7 雨水处理细节
资料来源：2017ASLA 官网 /https：//www.asla.org/awards/2007/07winners/506_nna.html

直接流过沉积池或延伸区，使得雨水有更长的时间聚集沉降，汇入地下水。

绿色街道的植被选择上，选用 Juncus Patens（灯芯草）这个植物品种，挺拔的外形可以有效减缓雨水流淌速度，吸收有污染的物质。它发达的根系也能很好地吸收水分。场地内应用了一些装饰性很强的植物品种，如蓝色燕麦草，新西兰苔草等，这些品种都是养护管理方便、成本低廉、生长良好、生长量较小的常绿品种，在雨水管理上起到了举足轻重的作用，同时也有良好的景观效果。

NE Siskiyou 绿色街道项目取得了三个目标：为人们展示了低成本设计和控制的城市街道雨水管理系统；为居住人们提供了适宜居住的环境与社区；同时还为其他地区和国家提供了一个城市雨水收集管理的模型。在这条街道上，我们能看到雨水收集控制是景观化的，它运用简单的设计把自然的人文功能带回城市，具有积极的功能性的景观作用（图 7-7）。

7.2.3 区域活力提升——Morgan Court 景观设计

项目地点：维多利亚，格伦罗伊

设计师：Enlocus

项目时间：2012-2014

项目涵盖从 Glenroy 路到连接着 Pascoe Vale 路的人行通道的整个范围。与社区及利益相关方的沟通是 Morgan Court 设计方案的关键所在。在项目开始前，Enlocus 团队便深入当地充分咨询，在沟通的过程中，人们的关注点也发生了改变。Morgan Court 的振兴一方面是为了商贩和社区，通过对该商业区进行整体而有效的规划，从而增强 Morgan Court 的社区价值；另一方面，通过整合设施和增加艺术活动的方式来使社区恢复活力，吸引更多人前来参观游玩（图 7-8）。

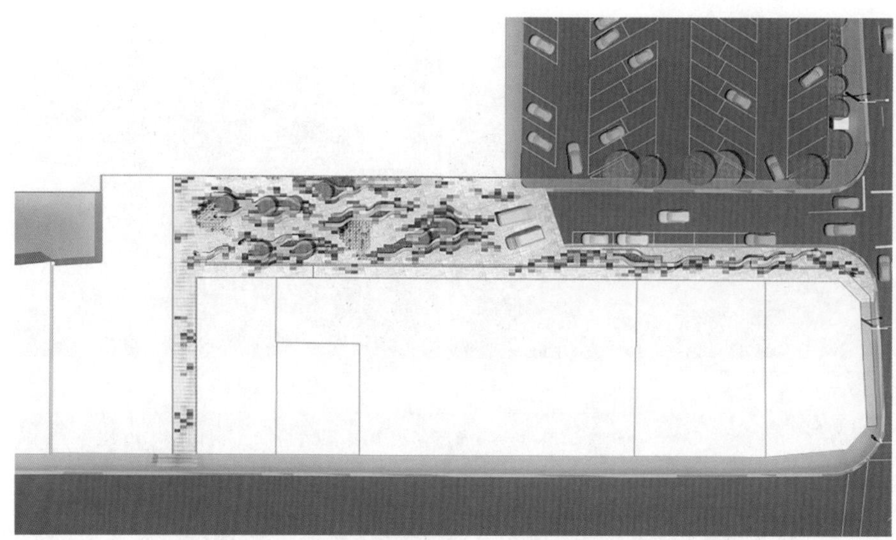

图 7–8 Morgan Court 街道平面图

项目目标是将 Morgan Court 打造成一个真正意义上的公共街道，故而在设计的时候优先考虑行人，营造一系列小空间增加场地的活力，场地中设计了一些简单而又大胆的设施如嵌入照明设施和电力的座位壁，加强游客与夜间景点的互动，使 Morgan Court 从一个仅在白天使用的场所转变为一个在夜晚也能聚集行人、全天活跃的更有价值的购物区域。同时这些设施也能吸引一些艺术活动如展览、表演等，整个空间重新散发活力。

在材料上，运用了三种定制的混凝土和钢块作为基本单元，通过这些基本材料的组合安排，形成各种弯曲而统一的流线空间，同时这些材料可以通过大规模生产降低成本（图 7-9）。

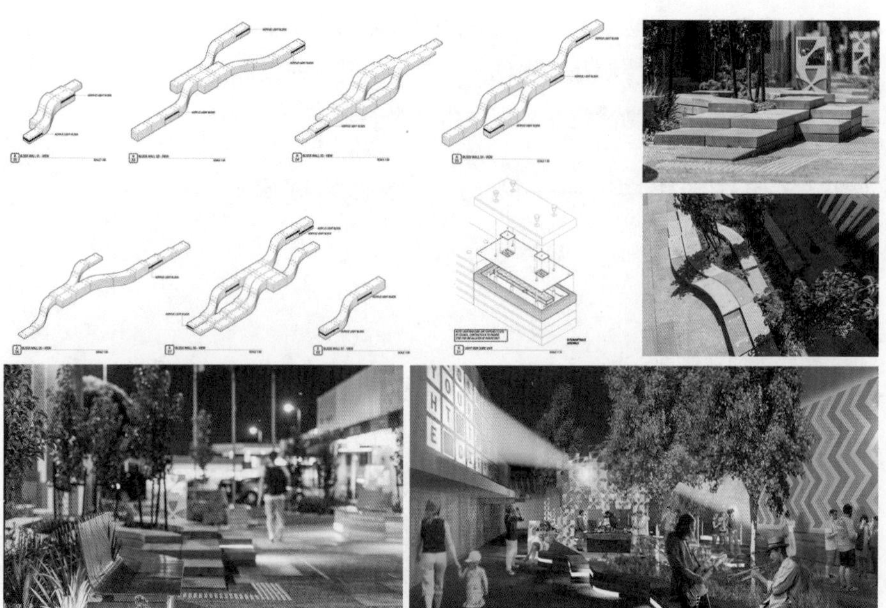

图 7–9 Morgan Court 街道实景图
资料来源：谷德设计网 / https：//www.gooood.cn/morgan-court-landscape-design-by-enlocus.htm

图 7–10 宽窄巷子实景图

7.2.4 历史街道的再生——成都宽窄巷子

成都宽窄巷子位于四川省成都市青羊区，是在少城的基础上，将时代元素和时尚气息渗透到浓郁的历史沉淀和文化氛围中，从而逐渐发展成一个现代化历史文化商业街区。它是老成都“千年少城”城市格局和百年原真建筑格局的最后遗存，也是北方的胡同文化和建筑风格在南方的“孤本”(图 7-10)。

宽窄巷子由宽巷子、窄巷子和井巷子 3 条平行排列的老式街道及其之间的四合院群落组成。3 条巷子各具特色，宽巷子记录生活的影子，窄巷子体现精致细腻的生活品味，而井巷子则反映现代人追求时尚与品位的生活态度。宽窄巷子由步行街巷进入院落内部围合空间的序列，营造了从公共、半公共到半私密、私密空间的完美序列。街道步行空间通常由院墙界定形成，宽巷子宽不过 7m，窄巷子窄不过 5m。街道断面高宽比不大于 1 ∶ 1。由此自然形成宽窄巷子街道氛围静谧亲切、疏紧宜人，院落空间封闭、内敛的特色。在街巷、广场节点等公共空间的景观设计中体现少城千年的城市传统沉淀，给外来参观者传递真实的历史记忆。街巷的古朴静谧和庭院的繁复奢华构成视觉及功能的对比，体现不同的历史片段。在节点处，用垒砌和展示历代砖和砖的砌法为一体的二维半片墙建筑。嵌入在宽窄巷子历史文化街区，具有独特的物质文化气质及非物质文化信息记忆。狭小的街巷空间放大成开敞、现代的休闲空间，充满线条感的景观水景带给游人多样化的视觉享受(图 7-11)。

图 7–11 宽街巷

在宽窄巷子的设计中，总体理念着重强调宽窄巷子的满城城市记忆和老成都公馆文化。整个设计通过文脉的延续营造场所精神，通过秩序重构连接新旧历史，从而打造独特的宽窄巷子，也为历史文化街道的景观设计提出一条可供参考的思路。

7.2.5 沟通与激活——比利时圣尼古拉街道景观改造

项目地点：比利时圣尼古拉

项目时间：2013 年

景观设计师：Kristof Van Impe

Stationsstraat 是圣尼古拉城市中心的商业街，它位于 Grote Markt 市场和火车站之间的中轴线上。为了改善交通状况和居民生活质量，材质的选用、绿化区的设计、旧地块的改造成为本次街道景观设计的重点。

此次街道景观设计的定位是将 Stationsstraat 改造成为城市中心购物区的中心骨干，使这条 600m 长、14m 宽的街道成为城市绿色购物廊道。这条看似简单的街道却包含了停车区、装卸区、绿化区、广场和台阶、街道设施等功能，为了更合理的利用空间，设计师对街道线路进行了精心设计，更多的空间被用于绿化种植。包括一些地下空间，设计满足了植物必要的通风、灌溉和排水的最佳生长条件；街道中心三个水景设施也成为车道主线的一部分，形成了活动节点；街道的铺地采用精心挑选的四色花岗岩混合材质与青砖搭配，这样使用者会有较好的舒适度。

本项目的灯光设计也颇有心思，功能性照明为场地提供了足够的光线和安全感。此外，装饰照明的设计提供了街道所需的氛围，它们被巧妙地融入休息长凳、露台广场和三个水景设施中（图 7-12）。

图 7-12 比利时圣尼古拉街道实景图

7.3　设计要点清单

NO.1“业态”要点清单

□ 1. 了解街道的区位条件以及类型

所在城市的功能区位置，了解街道的功能属性，商业步行街、生活性街道、交通性街道还是其他具有特殊功能属性的街道

□ 2. 实地走访调研，详细记录街道的主要服务人群及其行为活动特征

特别是针对使用人群（现状使用者 / 潜在使用者）的调查，关注人流方向和人们在街道上的行为活动有哪些

□ 3. 了解街道两旁建筑界面特征以及业态形式

建筑界面与街道之间的空间过渡是关键，因此需要考虑街道空间的尺度是否宜人，建筑形式是否会给人以压迫感，建筑的功能业态对街道上的行人是否有影响，特别是沿街商业空间，需要考虑出入口前的缓冲区设置

还有一些新想法……

NO.2“形态”要点清单

□ 4. 根据场地的地形条件，考虑街道与街道、街道与两侧垂直界面的交界关系

街道与街道的交接处形成节点空间，是景观的视觉焦点，应注意增强其景观标识性，对行人、车辆起到提示作用；街道两侧垂直界面，若为建筑应注意空间的过渡，空间过渡的方式可利用景观设施（如廊架、顶棚、路灯）或植物，通过空间的划分形成亚空间，丰富空间感受也可以提升街道的功能性

□ 5. 把握空间尺度，营造亲切宜人的空间感受

通过增加界面围合、地面高差转化、景观材料变化等手段打破空间的单调，营造尺度适宜的空间环境。

□ 6. 合理组织街道流线以及无障碍街道的设计

城市街道上的人流走向相对固定，但应充分考虑到车行交通、人车分流或人车共享等实际问题以及无障碍设计的要求。

□ 7. 合理配置广场的景观设施

城市街道中的铺装应首选透水防滑材料，综合户外家具、标识系统、花池、座椅、照明设施等景观设施，在保证其美观性的同时还应考虑耐久性和实用性。

还有一些新想法……

NO.3“生态”要点清单

□ 8. 街道乔木的选择

应选择冠幅大的乔木，为街道提供适当遮阳，但要注意乔木高度应符合街道尺度，不能影响街道采光。

□ 9. 街道绿化设施

街道绿化不能妨碍人的活动，可采用花池、树池、立体绿化、移动绿化等形式保障行人的便捷通行。

□ 10. 注重植物的综合环境效应

应选择防尘降噪能力强的树种，保障街道及周边区域环境质量。

还有一些新想法……

NO.4 “情态”要点清单
□ 11. 深入了解场地的历史文脉
是否为城市中的历史街道，是否有古树名木及其他历史遗迹，若有应保留或结合现状加以利用。
□ 12. 设计中结合居民生活，融入地方要素
了解地方传统文化，包括街道居民的生活与日常活动，应充分调研，了解和尊重当地居民对于街道设计或改造的意见和建议，将满足居民日常生活需求作为设计的重要准则，并尽可能利用当地的材料和文化素材进行景观设计。
□ 13. 针对不同人群类型的活动特征进行设计
针对上班族应充分保证街道的畅通性，应有满足老年人的无障碍设计和足够的停留空间，针对小孩应重视街道的安全性和趣味性。
还有一些新想法……

7.4 实战演练

设计场地位于某城市商业中心地段，商业氛围浓厚。步行街全长 150m，宽 20m，场地高差较大，周边商业建筑多为 4~6 层。

在规划设计时要充分考虑步行街的人行流线，动线设置合理顺畅，并且要注意城市外街与步行内街的过渡空间，步行街的各功能区之间协调互补，增强商业魅力（图 7-13）。

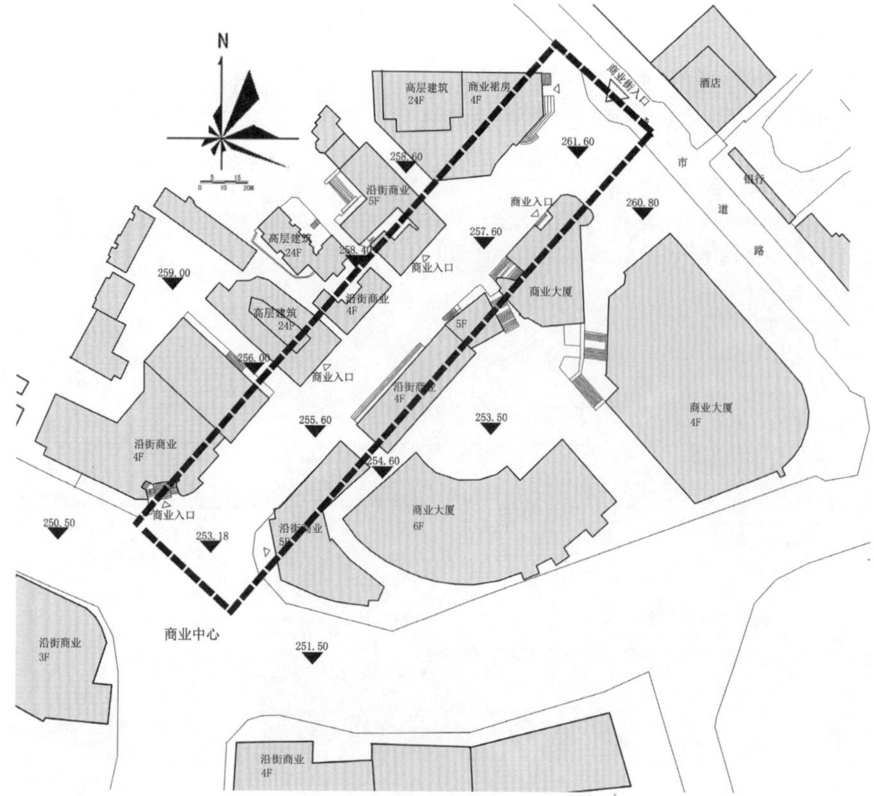

图 7-13

7.5　学生作品评析

重庆大学建筑城规学院风景园林 2006 级学生作业

作业完成人：周容伊（图 7-14）

指导老师：杜春兰、许芗斌

图 7–14

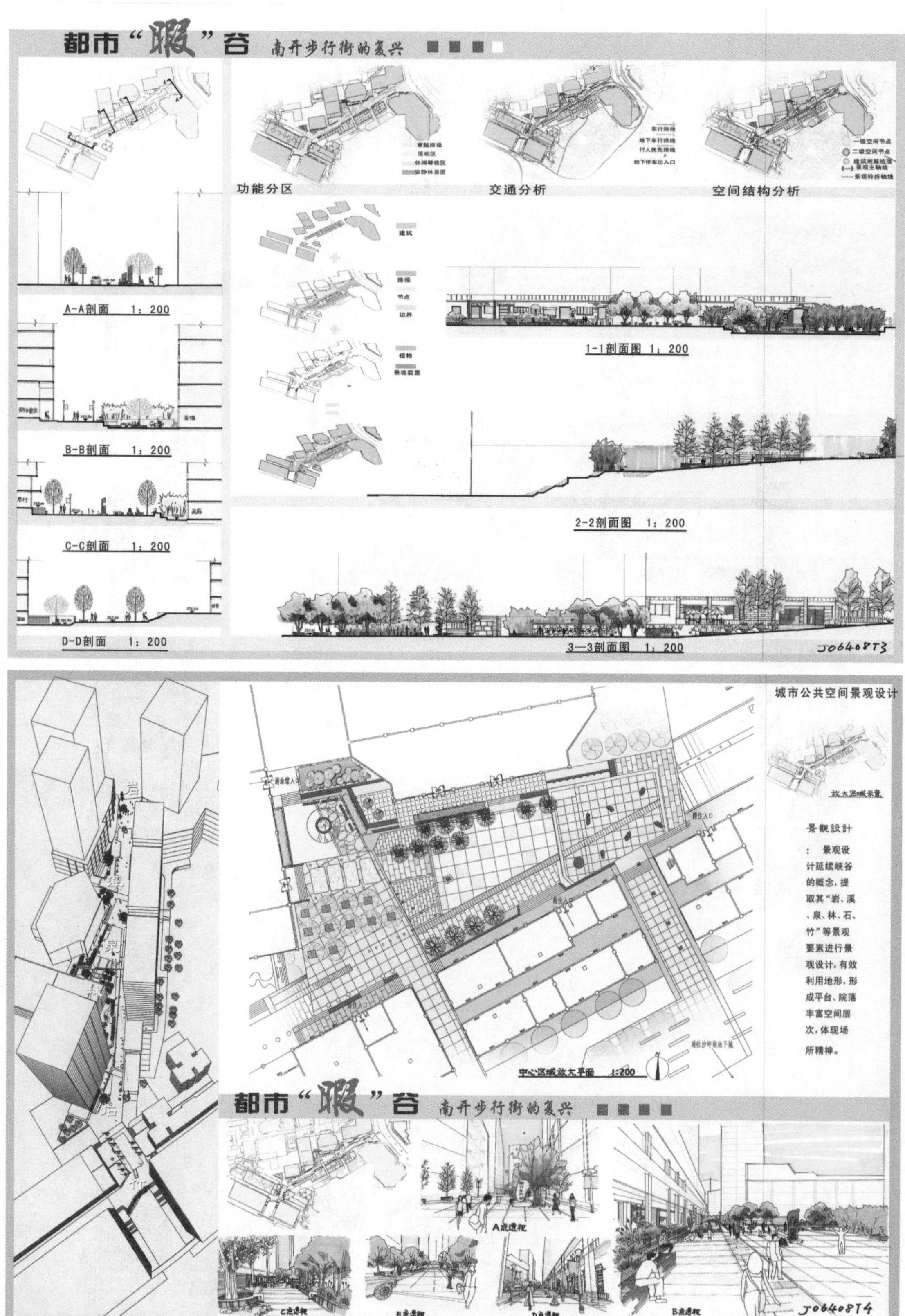

都市“暇”谷 南开步行街的复兴
功能分区
交通分析
空间结构分析
A-A剖面 1：200
B-B剖面 1：200
C-C剖面 1：200
D-D剖面 1：200
1-1剖面图 1：200
2-2剖面图 1：200
3—3剖面图 1：200
J06408T3
城市公共空间景观设计
景观设计
：景观设计延续峡谷的概念，提取其“岩、溪、泉、林、石、竹”等景观要素进行景观设计。有效利用地形，形成平台、院落丰富空间层次，体现场所精神。
中心区域放大平面 1:200
都市“暇”谷 南开步行街的复兴
A点透视
C点透视
E点透视
D点透视
B点透视
J06408T4

图 7–14（续）

重庆大学建筑城规学院风景园林 2010 级学生作业

作业完成人：王玉鑫（图 7-15）

教研组老师：夏晖、毛华松、许芗斌

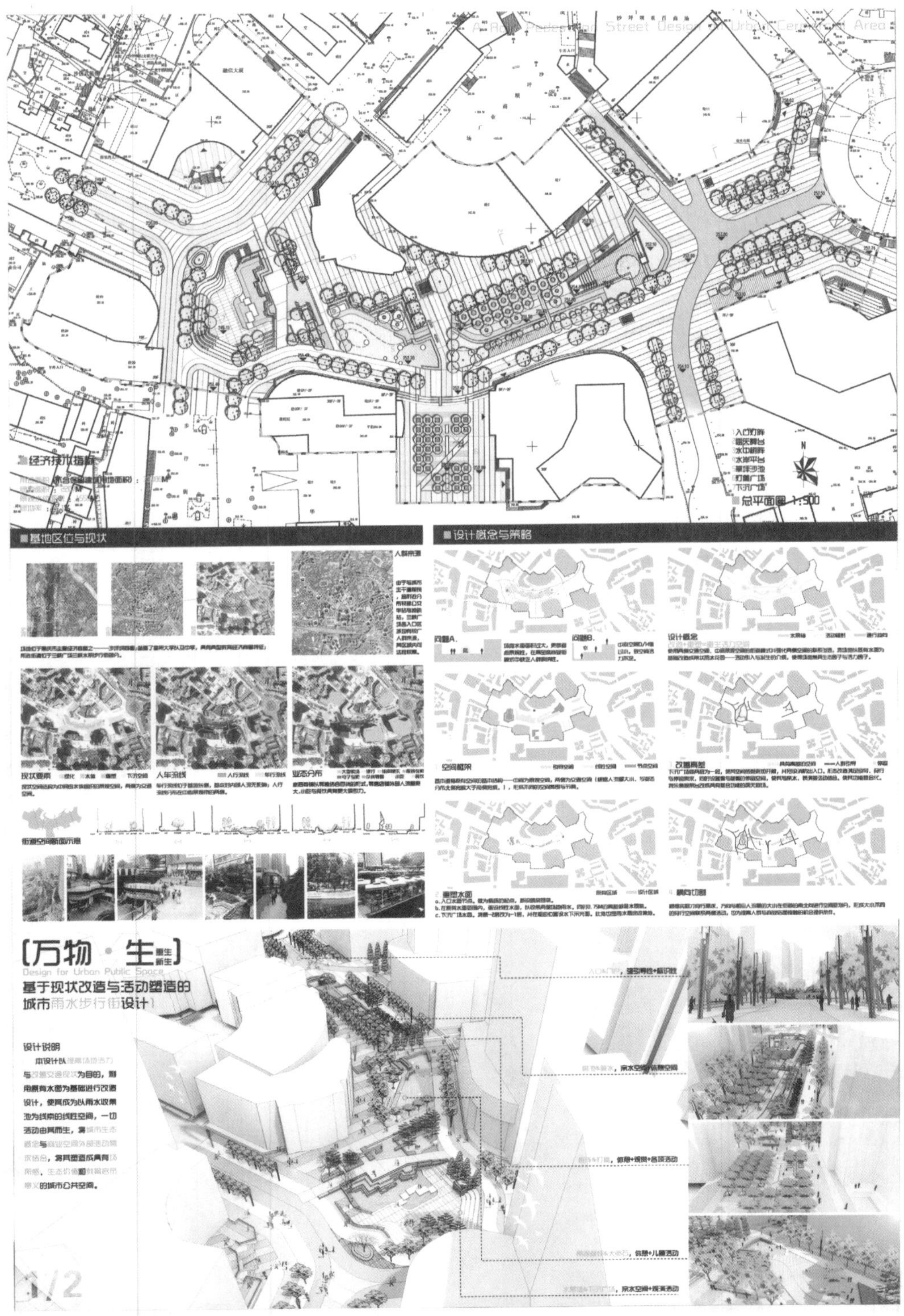

图 7—15

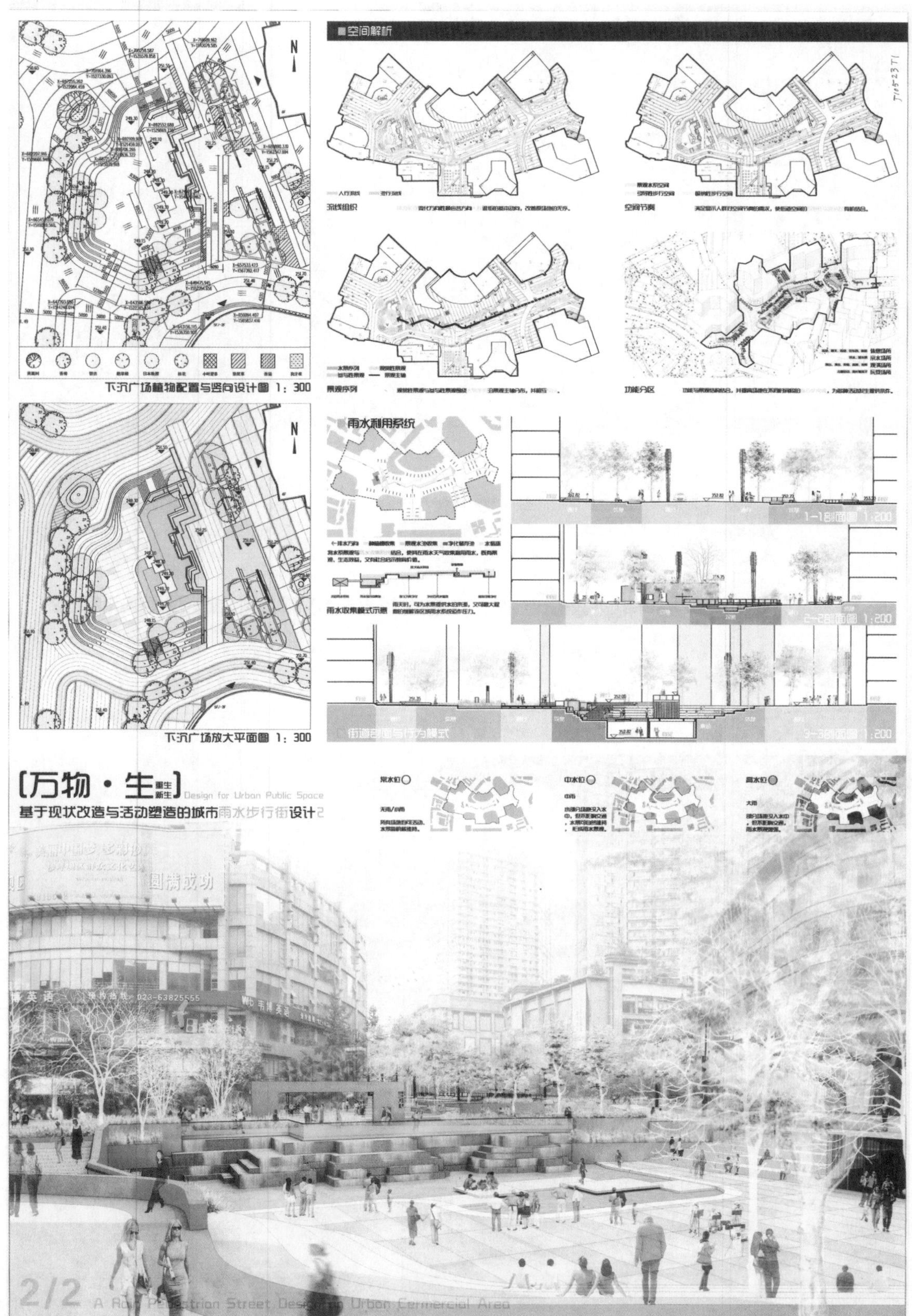
空间解析
下沉广场植物配置与竖向设计图 1：300
下沉广场放大平面图 1：300
雨水利用系统
1-1剖面图 1:200
2-2剖面图 1:200
3-3剖面图 1:200
街道剖面与行为模式
〔万物·生 重生 新生〕
Design for Urban Public Space
基于现状改造与活动塑造的城市雨水步行街设计2
2/2 A Rain Pedestrian Street Design in Urban Commercial Area

图 7–15（续）

重庆大学建筑城规学院风景园林 2010 级学生作业

作业完成人：韩玉婷（图 7-16）

教研组老师：夏晖、毛华松、许芗斌

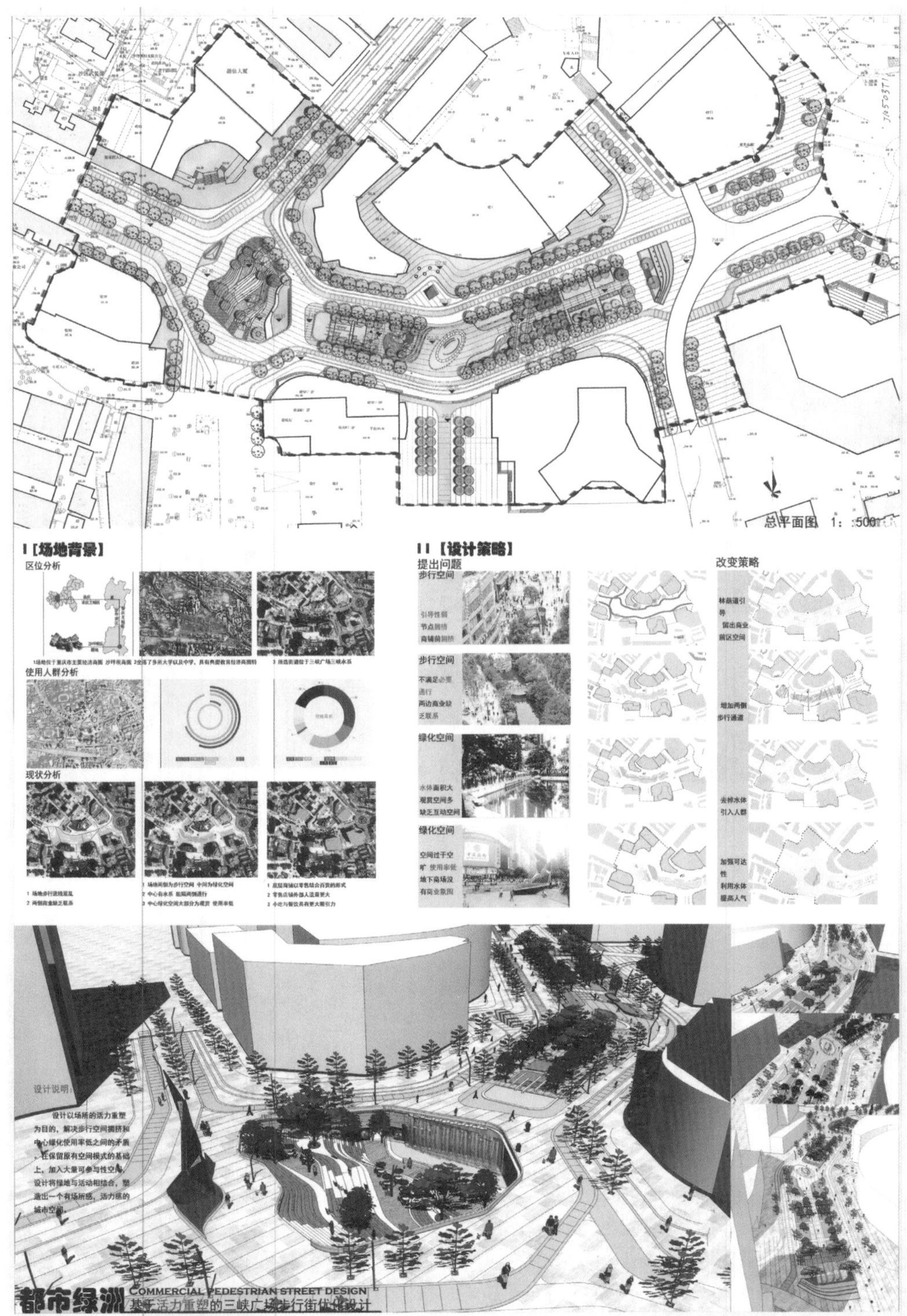

图 7-16

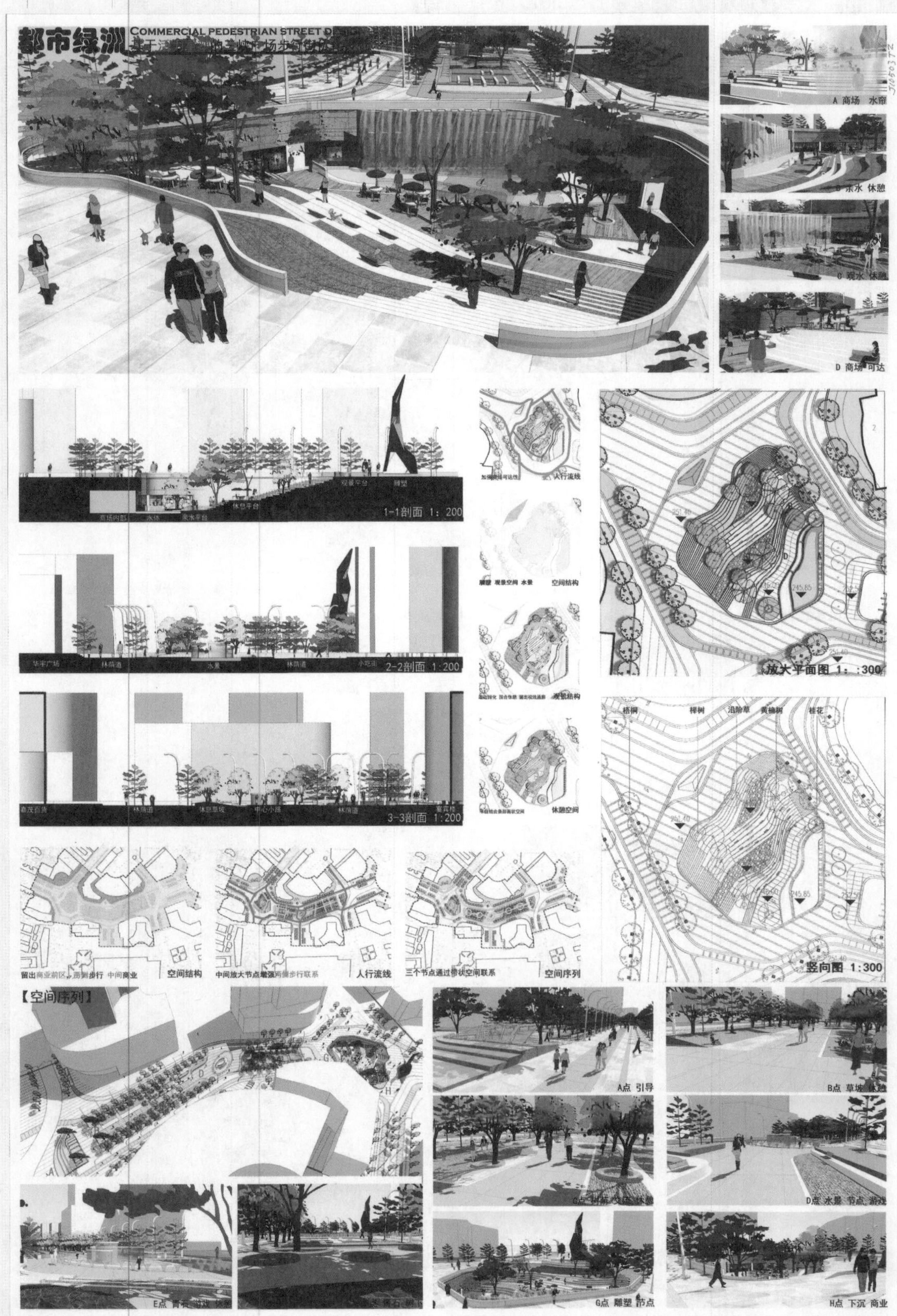
都市绿洲
A 商场 水帘
B 亲水 休憩
C 观水 休憩
D 商场 可达
1-1剖面 1：200
2-2剖面 1：200
3-3剖面 1：200
放大平面图 1：300
竖向图 1：300
空间结构
人行流线
空间序列
【空间序列】
A点 引导
B点 草坪 休憩
D点 水景 节点 游戏
G点 雕塑 节点
H点 下沉 商业

图 7–16（续）

7.6　设计与思考

1. 你认为城市街道景观设计的要点与关键是什么?

2. “智慧城市”成为热点，这些新理念能为城市街道带来一些什么?

3. 现在智能传感技术日益发达，这些高科技的体验技术能否运用到我们的步行街之中，增强人与环境的互动呢?

第8章

城市滨水区景观设计

场景感知
案例解析
设计要点清单
实战演练
学生作品评析
设计与思考

8.1　场景感知

☆ 那些著名的与“水”相关的城市

水是城市诞生的摇篮。在城市的形成和发展中，水起着至关重要的作用，它关系到城市的生存、发展，影响着城市的形态和风貌，世界上涌现出各种独具特色的海滨城市、湖滨城市、江边城市、水乡城市都体现出了城市与水的密切关系。

巴黎　塞纳河　　柏林　莱茵河　　伦敦　泰晤士河

上海　黄浦江　　广州　珠江　　重庆　长江嘉陵江交汇处

☆ 画中的繁华

《清明上河图》细致地描绘了汴河两岸纷然陈杂的繁荣景象，宋朝汴京的滨水空间形态、滨水活动类型、市民生活场景跃然纸上。

《塞纳河与卢浮宫》是著名印象派画家卡米耶·毕沙罗的作品，画面描绘了冬季清晨塞纳河畔舒缓、惬意和谐的景象。画中的绿雅园、艺术桥、卢浮宫共同构成了塞纳河畔的独特的景观意向，体现人工自然的和谐互融。

☆ 认识你身边的水域

1. 你所在的城市属于哪个流域？

2. 它主要依附的江 / 河 / 湖泊 / 海岸是什么？它们发源于何处又流向何处？

3. 在你的印象中你所在的城市滨水区景观是什么样的？她受当地人欢迎吗？为什么？

4. 你心目中美好的城市滨水环境是什么样的呢？

8.2 案例解析

8.2.1 滨水区复兴——韩国首尔清溪川改造工程

清溪川改造工程始于 2003 年，是韩国政府应对快速发展中城市的环境污染、生态和历史文化缺失等问题的有效尝试。清溪川曾是首尔民间文化活动的中心，后成为贫民窟的象征，环境一度恶化。1978 年，河道被覆盖，随后架起了高架桥。改造前，清川溪覆盖道路两边曾是低矮密集的街市，大气污染、噪声等问题也日益严重，同时覆盖道路与高架桥老化问题凸显，产生了高额的修缮费用。在这种情况下，支持清川溪改造工程的民间呼声高涨。改造工程于 2005 年 10 月竣工，历时两年多，清澈的清溪川作为内河重新出现在首尔市民的生活中（图 8-1、图 8-2）。

图 8–1 清溪川历年变更

图 8–2 清溪川实景图

复原后的清溪川长 5.84km，以清溪广场为起点，采用分段式河道整治方法将整体河道分为三个区段，西部上游河段河道两岸采用花岗岩石板铺砌成亲水平台；中部过渡河段，河道南岸以块石和植草的护坡方式为主。相对于西部和中部河道设计的人工化，东部河段设计上以体现自然生态的特点为主，越往下游自然度越高。项目注重历史文化与人文景观的保护与传承，恢复重建了具有历史特色的朝鲜时代“广通桥”“水标桥”以及清溪川“五间水门”等记忆场所。清川溪复原工程并没有像人们所担心的那样出现交通混乱的问题，相反城市交通系统正在不断趋于改善（图 8-3、图 8-4）。①

8.2.2 适应水位变动的山地滨水景观——重庆金海湾公园

项目地点：中国重庆

项目时间：2015~2017 年

① （日）吉川胜秀,（日）伊藤一正 . 城市与河流——全球从河流再生开始的城市再生 . 汤显强，吴遐，陈飞勇译 .[M]. 中国环境出版社，2011.

图 8–3 清溪川实景图

图 8–4 清溪川丰富多彩的活动
资料来源：2009ASLA 官网 / https：//www.asla.org/2009awards/091.html

设计单位：重庆大学建筑城规学院

设计团队：重庆大学金海湾滨江公园项目组（项目负责人：杜春兰）

获奖情况：2018 年国际风景园林师联合会（IFLA）亚非中东地区（IFLA APPME）应对自然灾害与极端天气类卓越奖

嘉陵江是长江流域重要支流之一，对于重庆城市发展历程有着重要的意义。由于城市快速建设以及三峡库区反季节性的大落差水位涨落，滨江带被逐步侵蚀，成为以快速车行交通、防洪等功能为主导的消极空间，社会、经济、娱乐、生态等多方面价值均被削弱进而导致活力丧失。

金海湾公园位于中国重庆市礼嘉半岛嘉陵江南岸，总长约 7km，占地面积 85.31ha。项目一方面是城市绿地系统中重要的生态廊道，并处于重要且敏感的水陆交接区域，具有双向生态缓冲功能；另一方面是礼嘉新城公共空间体系中最重要的大型综合性公园，是市民休闲娱乐的重要场所。

项目着重针对雨洪管理、滨江生态序列恢复、生物多样性保护与生境增强、地方特色活动场所营造四方面进行规划设计，旨在复兴重庆嘉陵江滨江带的活力与品质，恢复其生态及社会韧性（图 8-5、图 8-6）。

Location
SITE
Area：853100㎡
Length：7KM
The Golden Bay Park is located on the South Bank of the Jialing River in Lijia Peninsula, Chongqing, China. It is the most important corridor in the urban green space system and the most important park of the urban public space system.

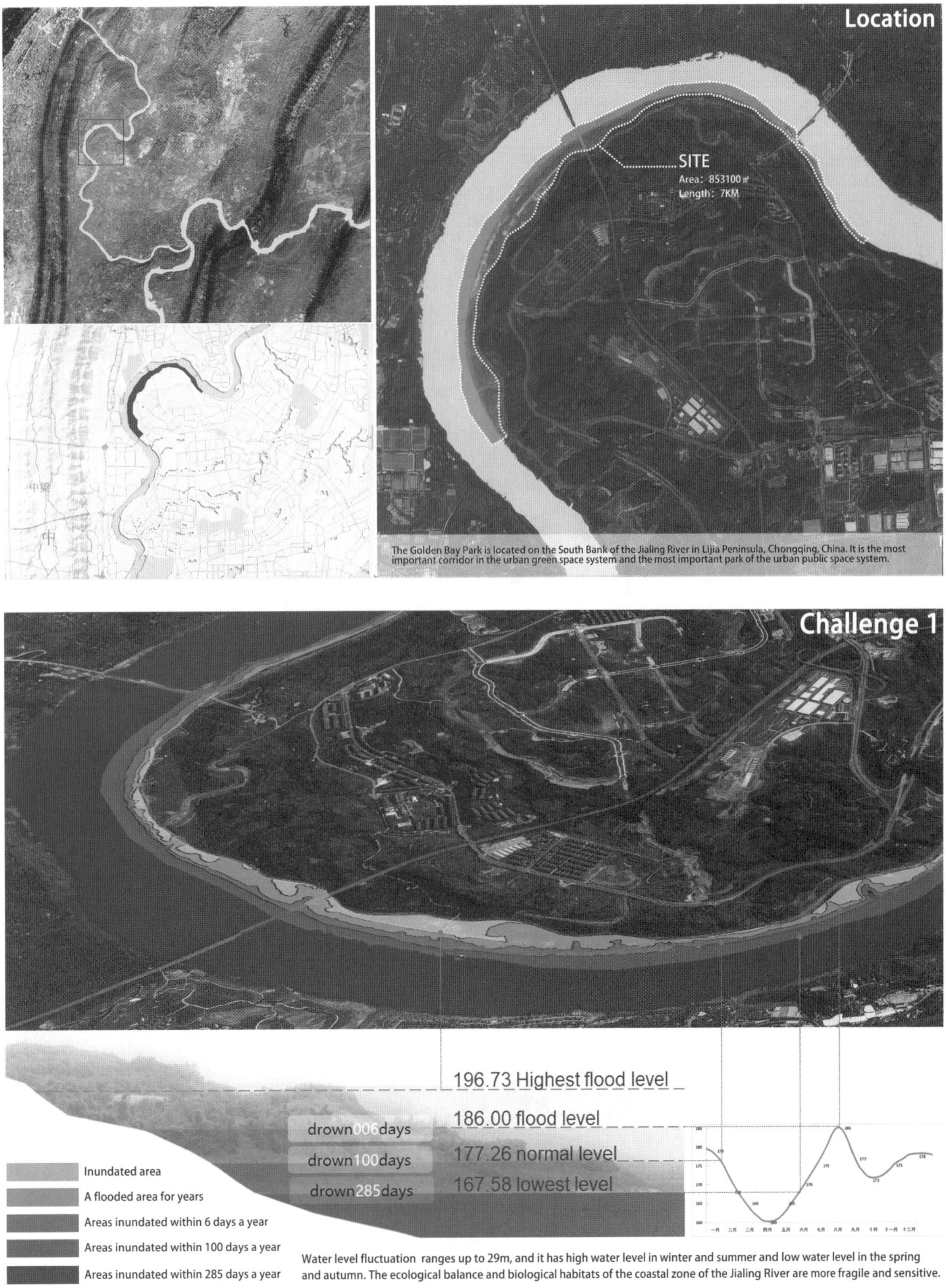

Challenge 1

196.73 Highest flood level

186.00 flood level

177.26 normal level

167.58 lowest level

drown006days

drown100days

drown285days

Inundated area

A flooded area for years

Areas inundated within 6 days a year

Areas inundated within 100 days a year

Areas inundated within 285 days a year

Water level fluctuation ranges up to 29m, and it has high water level in winter and summer and low water level in the spring and autumn. The ecological balance and biological habitats of the coastal zone of the Jialing River are more fragile and sensitive.

图 8–5

Challenge 3

The project of Jialing River in Chongqing is a waterfront space with the most local characteristic and the largest scale, and bear a large number of human activities, but also an important medium of inheriting local culture of the waterfront.

Artificial hardening facilities transformed into active sites

observation tower
Huang Jueshu story

Tourist reception
observation tower
金海湾公园
CHONGQING JINHAIWAN PARK
Main entrance square

Lawn concert
Sunny lawn

lookout pavilion
living balcony

Children's game wall
Wave valleys of children

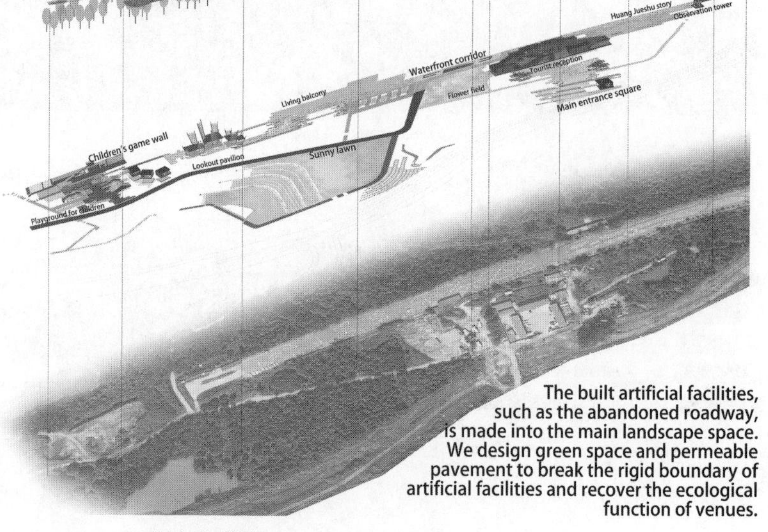

Huang Jueshu story
Observation tower
Waterfront corridor
Tourist reception
Flower field
Main entrance square
Living balcony
Children's game wall
Lookout pavilion
Sunny lawn
Playground for children

The built artificial facilities, such as the abandoned roadway, is made into the main landscape space. We design green space and permeable pavement to break the rigid boundary of artificial facilities and recover the ecological function of venues.

图 8-5（续）

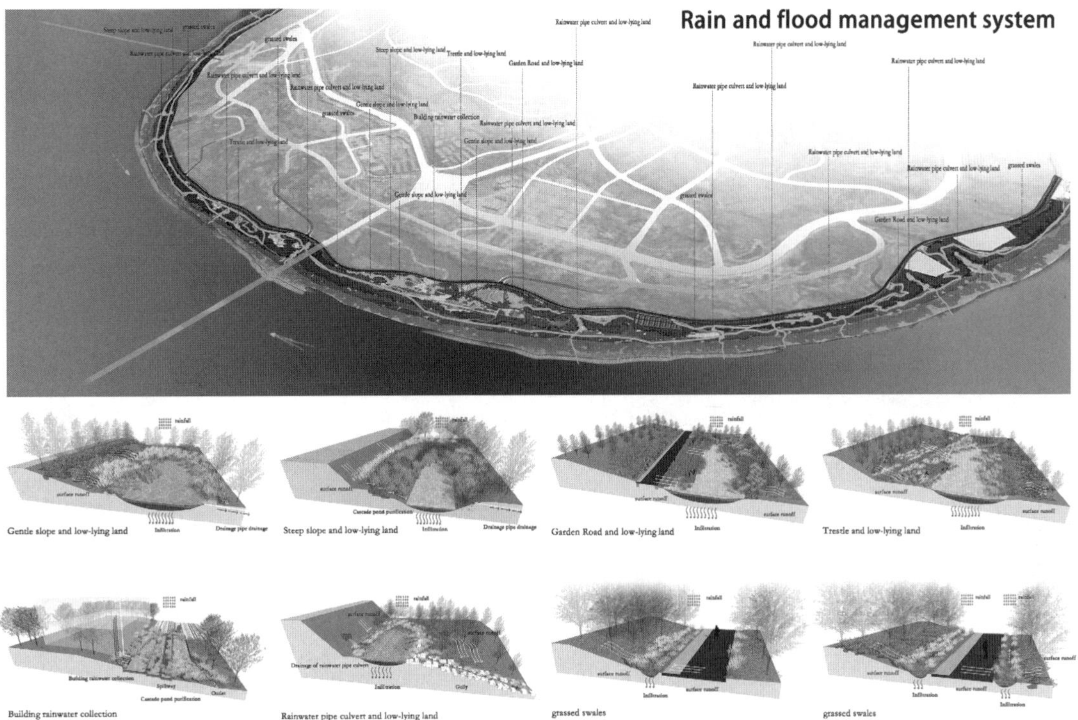

There are eight drainage ways, including the gentle slope and steep slope drainage, road drainage, drainage, trestle drainage, drainage of rainwater pipe culvert, building rainwater pond and grass ditch drainage.

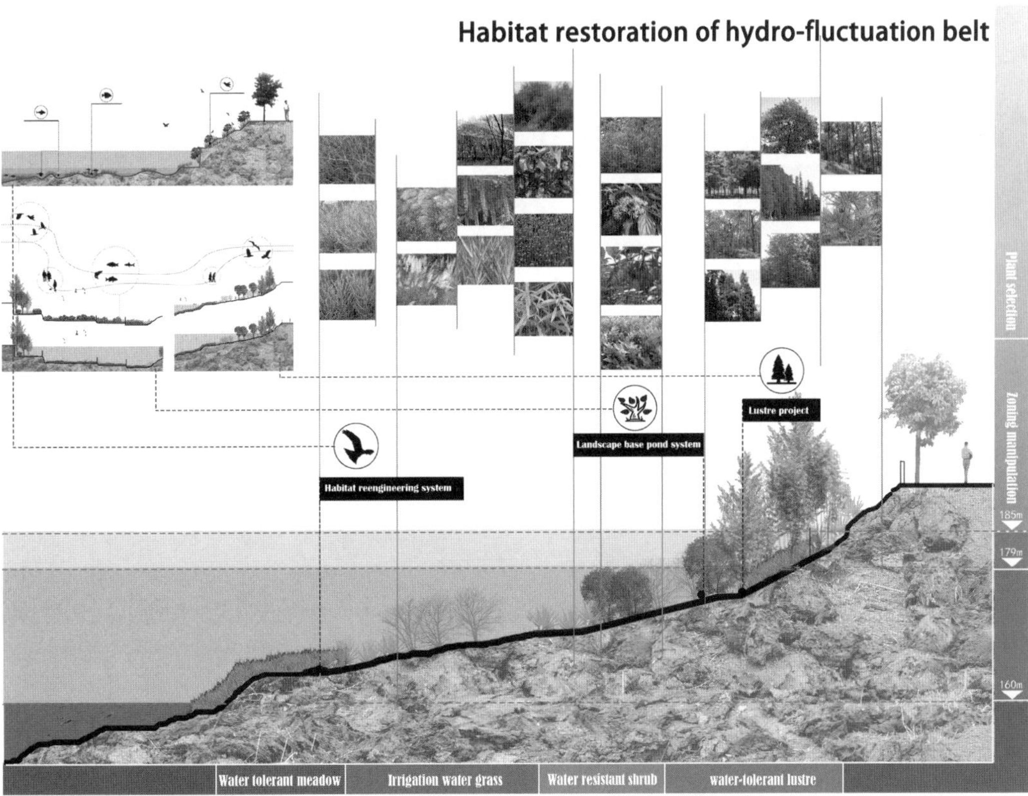

Multi band buffer system engineering: the design of multi band buffer system is carried out along the Gao Cheng gradient, and the ecological design of compound drop zone is carried out habitat redevelopment system, landscape base pond system and Lustre engineering system.

图 8–6　金海湾公园规划设计图

图 8–6 金海湾公园规划设计图（续）

讨论：季节性是山地城市滨江景观区别于其他类型城市滨水区的重要空间特征，设计中如何回应山地城市的季节性特征？

8.2.3 对话自然的弹性公共空间——纽约哈德逊河公园第五段景观区

项目名称：纽约哈德逊河公园第五段景观区

项目地点：美国纽约

设计师：迈克尔·凡·瓦肯伯格

获奖情况：2014 年 ASLA 综合设计荣誉奖

“自从对外开放至今，人人都发现码头区内的树木越发繁茂……这里的变化着实令人瞩目……它已成为一处极好的绿地空间。”

——2014 年奖项评审团

公园第五段景区作为哈德逊公园七个规划段中最晚建成的一段，占地面积最大，资源最为丰富，也是公共期待值最高的一段。在建设期间该地区海平面不断上升，极端气候发生频率不断增加，成为设计师形成设计理念的挑战和契机。设计呈现出多样化的功能空间，运用具有创新意义的工程技术，应对极端恶劣自然环境，将高频率使用与多发灾害情况结合考虑。作为纽约应对海平面上升的城市基础设施，成为难得一见的具有“弹性”的城市滨水公共空间（图 8-7）。

图 8-7　哈德逊河公园平面图

在各行业设计师的助力之下，公园糅合了不同模式的思维角度以及不同尺度的设计理念，为多样化景观的创造奠定基础。场地整合了宽阔的草坪空间、河景观赏空间、雕塑花园、旋转体游乐空间、滑板公园等多元功能设施，满足不同居民层次的多样化需求。设计基于公园持久性与可持续性方面对海平面的不断上升以及极端自然灾害的隐忧提出解决措施，包括对原海堤进行拆除、修复与加固工作，运用挡泥板设计系统对靠船墩进行保护，防止失控船只、残片的撞击影响；运用 EPS 环保泡沫剂轻质沙石填埋材料，有效缓解甲板荷载，并运用各种新兴材料，防止错位等手段（图 8-8~ 图 8-11）。

图 8–8 系列活动区域及景观区域类型

图 8–9 特色草坡区人群活动

图 8–10　滨水改造区及其飓风防御相关措施

图 8–11　哈德逊河公园实景图

资料来源：2014 年 ASLA 官网 /https：//www.asla.org/2014awards/122.html

图 8-11 哈德逊河公园实景图（续）
资料来源：2014 年 ASLA 官网 /https：//www.asla.org/2014awards/122.html

8.2.4 后工业化海滨的振兴——Stranden 滨海公共步道

项目地点：挪威奥斯陆市“Aker Brygge”地区

设计团队：LINK Landskap

项目时间：2014 年（第一阶段），2015~2016 年（第二阶段）

Stranden 改造工程所处地段原先是后工业海滨区，作为挪威奥斯陆市“Aker Brygge”地区的开发商，NPRO 希望通过重建城市户外空间，引入新的办公，改变该地区的零售理念，实现商业转型，从而使整个区域重获生机（图 8-12）。

图 8-12 亲切宜人的 Stranden 滨海区

设计团队通过在这里创建一条长达 12 公里的公共人行海滨步道，将这座城市的东部和西部连接起来。这条景观步道通过简化和重新配置步道上的设施，使 Stranden 变得更加宽阔开放，行人可以进入到景观当中更近距离感受奥斯陆峡湾，同时宽敞而开放的空间加上“街道家具”的运用，让人们能够长时间停留休息，创造更多交流的机会，促进更多社会活动，因此这条步道将成为“生活的场所”。挪威街道家具生产公司 Vestre、家具设计师 Lars Tornøe 和 Alte Tviet 设计师一起创造了一系列可供不同活动使用的多功能橙色街道家具（橙色来自奥斯陆的海上历史，是项目的标志性颜色）（图 8-13、图 8-14）。

图 8–13 滨海步道实景图

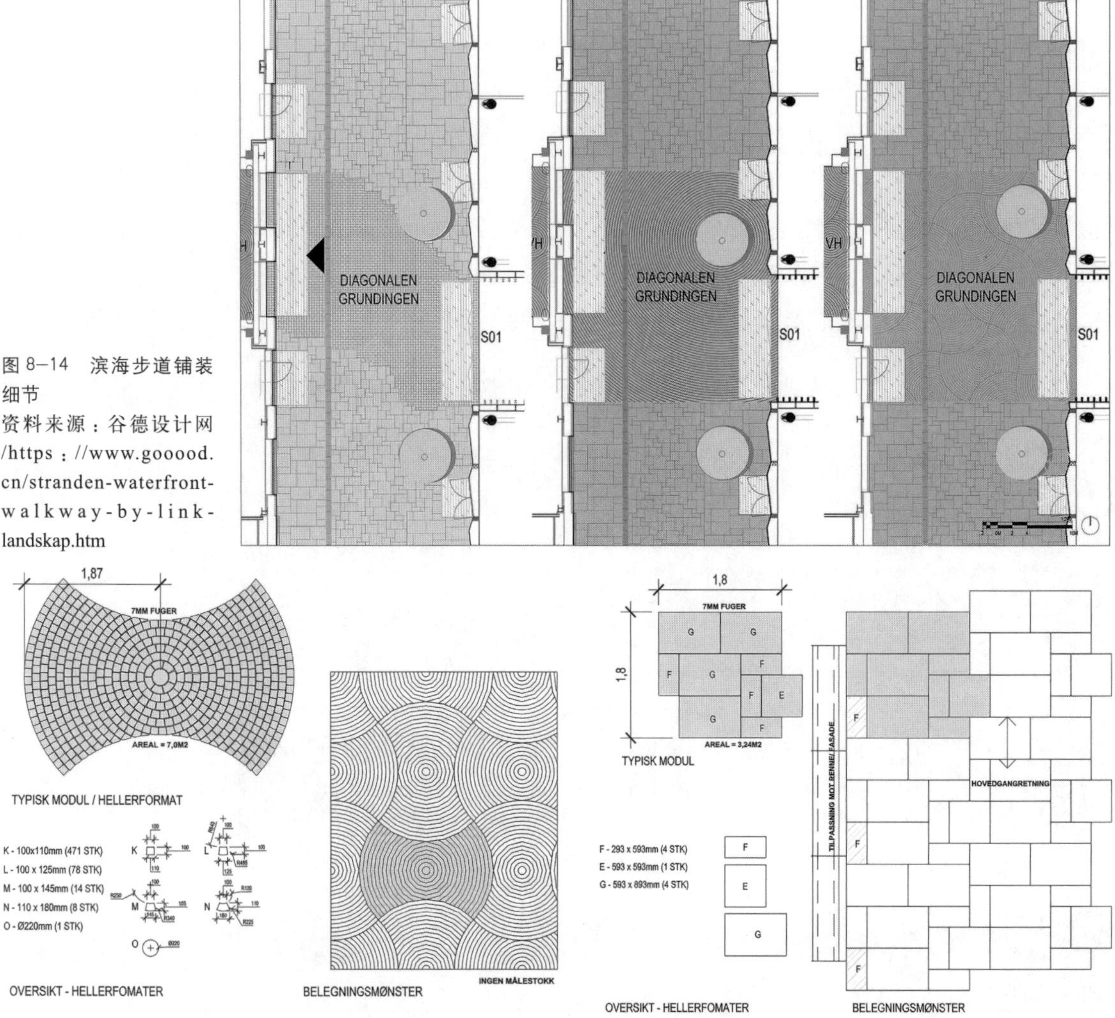

图 8–14 滨海步道铺装细节
资料来源：谷德设计网/https：//www.gooood.cn/stranden-waterfront-walkway-by-link-landskap.htm

不同的铺地区分功能区域，使步道空间更为有趣，靠近海岸是台阶状的木质铺装，人们对峡湾的体验将变得更加丰富，台阶之上是行人通过以及休憩空间，设计师着重对铺装进行了设计，在布置家具的地方采用大块铺装营造舒适放松的氛围，而在通过空间则采用各种较为小块的铺装进行拼贴，营造一种动态的感觉。加上灯光的运用，让步道在夜晚也生机勃勃。

8.2.5 “六个街区六个愿景”——芝加哥滨河项目

项目地点：美国芝加哥

设计公司：Sasaki 和 Ross Barney Architects

项目时间：2015~2016 年

获奖情况：2018 年 ASLA 综合设计荣誉奖

为了被污染的芝加哥河得以净化，卫生环境得以改善，整个项目在一个干净水质的大背景下展开，故而充分保证了滨河空间的利用率。但此任务仍然在技术上面临极大挑战：设计团队需要在狭窄的 7.6m 宽的建成区扩展步行项目空间并与街区间一系列桥下空间协调。除此之外，设计还需要适应河流每年的洪水涨落，竖向高度差近两米。在重拾芝加哥河的城市生态与休闲效益的背景下，设计团队对场地进行充分调查，提出六个街区，六个愿景的整体发展策略（图 8-15、图 8-16）。

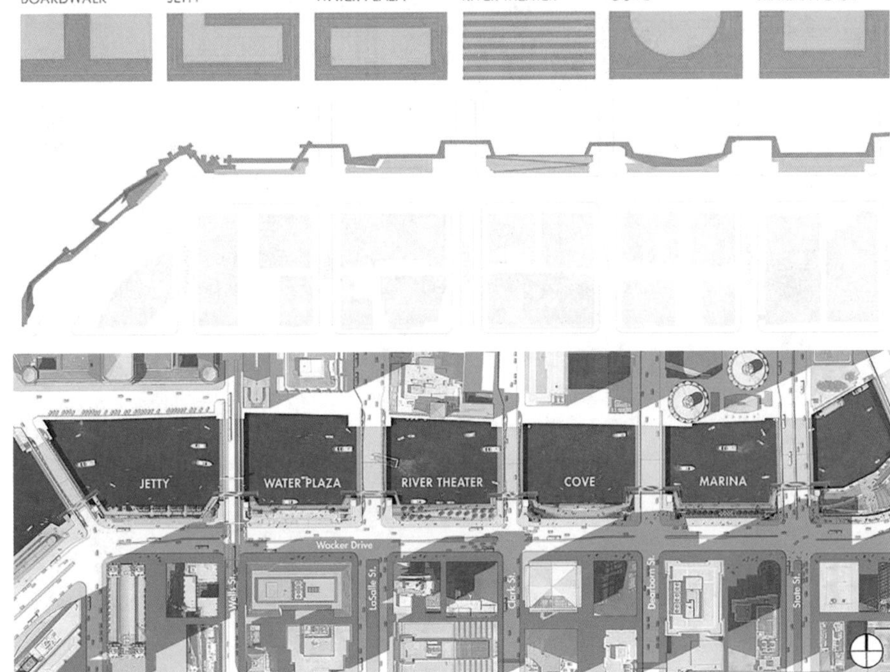

图 8–15　芝加哥滨河景观平面图

（1）独立的滨河步道系统

取代由建筑边界产生的充满直角拐弯的步道，将步道视为一个相对独立的系统——通过自身形态的变化，形成一系列与河相连的具有全新功能的空间。

（2）多种街区形态

根据街道将场地划分为六个街区，每个街区都呈现出不同形态与活动方式，这些空间包括：

码头广场：餐厅与露天座椅使人们可以观赏河流上所发生的活动，如来往的船只。

小河湾：租赁与存放皮划艇等，通过休闲活动将人与水联系起来。

河滨剧院：连接上瓦克和河滨的雕塑般的阶梯让人们可以步行到达河滨，台阶上有序布置的树木提供了荫蔽，整个阶梯就像一个以水面为舞台的大型座位。

图 8–16　芝加哥滨海步道空间景观

水广场：水景设施为孩子提供了一个在河边与水互动的机会。

码头：码头上可以垂钓；一系列湿地浮岛提供了互动的学习环境，人们可以了解河流生态、认识本土植物。

散步道：无障碍步道与全新的滨水边缘创造出通向湖街的连续体验。

(3) 全新多功能步道系统

全新的联系步道系统旨在为公园游客提供不间断步行体验。每个类型空间不同的形态功能使它们给人们提供滨河的多样体验，从餐饮、大规模公众活动，到全新划艇项目设施等。

(4) 统一的设计材料与细节

设计材料在整个项目中都有规律的重复，提供视觉上的衔接。

(5) 活力十足的滨河夜景

(6) 生态恢复策略（图 8-17）

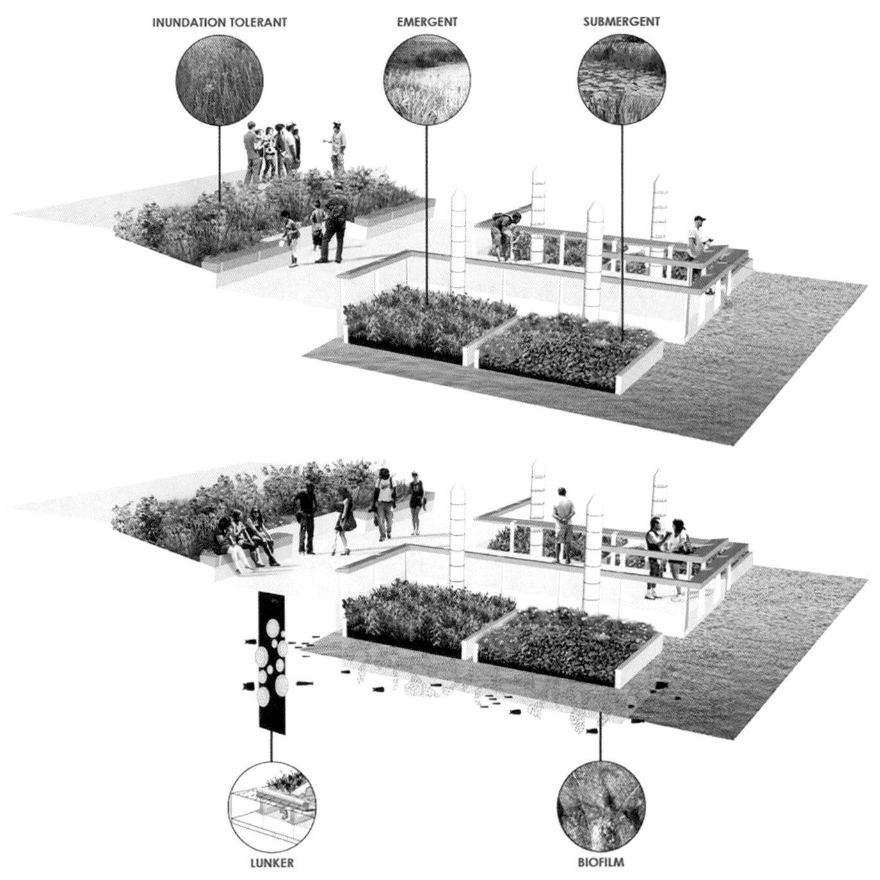

图 8-17 芝加哥滨河生态景观设计
资料来源：2018 年 ASLA 官网 /https：//www.asla.org/2018awards/453251-Chicago_Riverwalk.html

8.3 设计要点清单

NO.1 "业态"要点清单
□ 1. 了解滨水景观在城市中的区位条件
包括用地的地理区位（滨湖 / 滨河 / 滨海）、交通条件（周边道路交通 / 公共交通 / 步行可能性）等。
□ 2. 实地走访调研，详细了解并分析广场周边情况
周边地块功能（商业 / 居住 / 娱乐 / 工业等）、使用人群（现状使用者 / 潜在使用者）、人流来向及去向等情况。
□ 3. 针对不同环境要素设计侧重不同
靠近商务商业区：尽可能满足休憩、放松等服务性功能； 邻接居住区：满足老人健身、儿童游戏等功能； 濒临内陆河流：以休闲、游憩等功能为主。
还有一些新想法……

NO.2 "形态"要点清单
□ 4. 根据周边现状条件，初步确定滨水景观与周边用地的衔接关系

了解周边用地功能、道路关系、使用者及潜在使用者来向、周边建筑景观界面、水域、对景点、景观通廊等会影响滨水空间形态形成的空间要素。

□ 5. 深入分析滨水各项空间要素，形成空间景观结构

场地内部空间要素包括：现状建筑与构筑物、护岸、内部交通、竖向高差、积水排水、现有景观设施、土壤情况、植被现状、场地边界、空间开敞郁闭度特点等；空间景观结构包括主要景观点、景观视线序列与轴线、大致的功能分区等。

□ 6. 在滨水景观功能定位的基础上，根据场地空间特征对功能区进行空间亚划分

根据现状条件设置如入口空间、形象展示空间、休闲空间、老人儿童活动空间、亲水活动空间等公共活动的区域。滨水区空间具有垂直分布规律：水面、水边际、防洪防浪保护区、堤岸、堤岸外边缘等，不同特性的空间适宜安排的公共活动不同。

□ 7. 视线关系直接影响滨水空间结构、空间形态的处理

节点选取：滨水景观视线关系是影响节点选择的重要因素，一般选择凸出和凹入的岸线，河流转折、交汇处以及垂直于滨水区的视线通廊与岸线的交汇点等位置设置节点。

高差处理：在具有地形高差的场地中，充分考虑场地水体与陆域间的高差关系，亲水台阶型护岸的设置，能够丰富水岸视觉感受。

看与被看：在水体宽度小于 50m 时，两岸的活动、甚至是人的表情，都相互可见。滨水区凸岸往往最易成为视觉中心，同时本身具备广阔的视野，设计应结合周边视线来源合理处理该区域看与被看的关系。

□ 8. 水面是构成滨水景观的主导界面

宽阔的水面便于布置水上活动，设计中适度对水体进行开挖、引入与扩展，有利于提高环境亲水性。

□ 9. 堤岸是连接水面与陆地的重要界面

护岸作为水域与陆域之间的缓冲地带，一般采用垂直式、缓坡式、台地式等形式。形式曲折的护岸能够增加亲水界面长度，具有更好的亲水效果以及观赏性。垂直式和台地式可以通过对材料的改变、护岸顶端的处理、路面高度的提升改善原有亲水性、观赏性较差的特征。

□ 10. 根据场地的空间特征、功能设置、观景需求合理组织滨水空间内部交通流线

滨水区公共空间内部拥有多元的交通形式，包含步行、车行，条件允许的情况下，也应考虑自行车、电瓶车出行。各交通形式之间融合与排斥的关系，是功能活动空间布置的依据。

步行道：易到达的水边能够有效激活滨水空间；滨水道路应尽可能地作为步行道，可以增强河流观赏性，满足人们亲近水边的需求。

自行车道：可与步行道分开，且设置在远离水体的一侧，从而避免影响步行道的亲水性。除此之外，自行车道路线不宜出现小半径弯道，大弯道与直线车道景观观赏性更好。

车行道：与步行道分离可以营造出安静、舒缓的滨水空间。

还有一些新想法……

NO.3“生态”要点清单

□ 11. 了解场地及周边的水文径流情况

深入了解场地水文情况，包括水位情况、水流向、涨落情况等。

□ 12. 滨水景观雨洪管理设计

地形处理：对滨水空间地形进行整理，控制坡度、坡长等要素，避免径流速度过快，造成水土流失。可采取排水沟顺应地形，截直为曲、增加汇水面积的方法降低径流峰值。

生态景观序列构建：结合地形，根据径流方向组织汇水，可构建“雨水花园收集——旱溪——雨水湿地——水体排放”等序列，高效生态地处理雨水。

□ 13. 滨水景观驳岸生态处理

设计应在保证行洪、航运功能之外，多采用生态驳岸的做法，选择天然石材，保证护岸表面形态的多样化。

□ 14. 滨水植物配置应注意对自然生境的营造

滨水区可以通过鸟类喜食的果树及能为昆虫、鸟类等提供觅食、繁衍场所的植物进行生境营造。充分调研场地内部生境情况，对破坏区域进行生态修复，保持滨水空间的生物多样性。

□ 15. 滨水景观植被的选择原则

自然驳岸边种植的植物要具备一定耐水淹的能力。还可以选择一些水生植物和沼生植物进行水体净化。

□ 16. 滨水景观消落带设计原则

滨水空间消落带呈现季节性变化，重点调查消落带植物及动物生境。对消落带植物种类、常年水位线、基质类型进行统计分析。在保证最小干预的情况下，对消落带植物进行补植，打造弹性空间。

还有一些新想法……

NO.4“情态”要点清单

□ 17. 深入了解场地的历史文脉

充分考察场地并深入了解城市滨水区的历史，如码头文化、交通运输历史、商贸文化、地方习俗等等。

□ 18. 合场地的历史文脉和地域特征，在设计中融入景观文化的要素

文脉处理手法：一般采用三种处理方式：一是完全的保护，二是在保护的基础上加以提炼与创新，三是通过新建仿造的手法，为滨水空间注入文化记忆。

文脉要素提取方式：一是对传统文化符号的应用，传统空间形态的还原，传统活动的引入等；二是对滨水区乡土材料的利用，地方性材料的创新应用也是延续场所记忆的有效途径。

□ 19. 充分考虑滨水景观现有使用人群及潜在使用人群的行为活动需求

滨水区活动按内容可分为生产生活、社会活动、教育活动、民俗信仰活动、休闲活动；其中休闲活动已成为如今滨水区活动的主流；河畔生产活动由来已久，将河边生产活动纳入景观空间的营造有利于河流空间记忆的延续。

□ 20. 滨水区活动根据空间性质不同呈现垂直分布规律

滨水区空间具有垂直分布规律，各个区域适宜承担的空间功能不同，因而不同的高差段所适宜的活动也有所不同，水边际是最具吸引力的区域，应设置丰富的休闲活动（观景、玩水、垂钓、休憩等）。防洪防浪保护区可布置运动类、儿童活动、散步等活动。

□ 21. 针对季节变化的活动特征

季节性变化是滨水景观的重要特征，季节性活动可以归纳为对季节性景观的观赏活动以及根据季节变化的人文活动；对于季节性人文活动的设置可以尝试考虑传统水边活动的再兴。

□ 22. 亲水性与安全性的相互协调

滨水景观设计中的亲水性是激活滨水空间的关键，设计中应注重对亲水设施的安全性（包括亲水平台边缘防护、临水驳岸防护、步行道边缘防护、无障碍设施等）的考虑，保证空间安全感。

还有一些新想法……

注：已完成请在□内打✓

8.4 实战演练

西南地区某山地城市拟对滨江地段进行重点景观规划设计，基地现状图如下所示。该城市 20 年一遇防洪标准为 167.0m，50 年一遇防洪标准为 172.0m。此城市为具有传统特色的山地城市，已建成区域为历史街区，周边用地有历史建筑和商业、旅游及码头（图 8-18）。

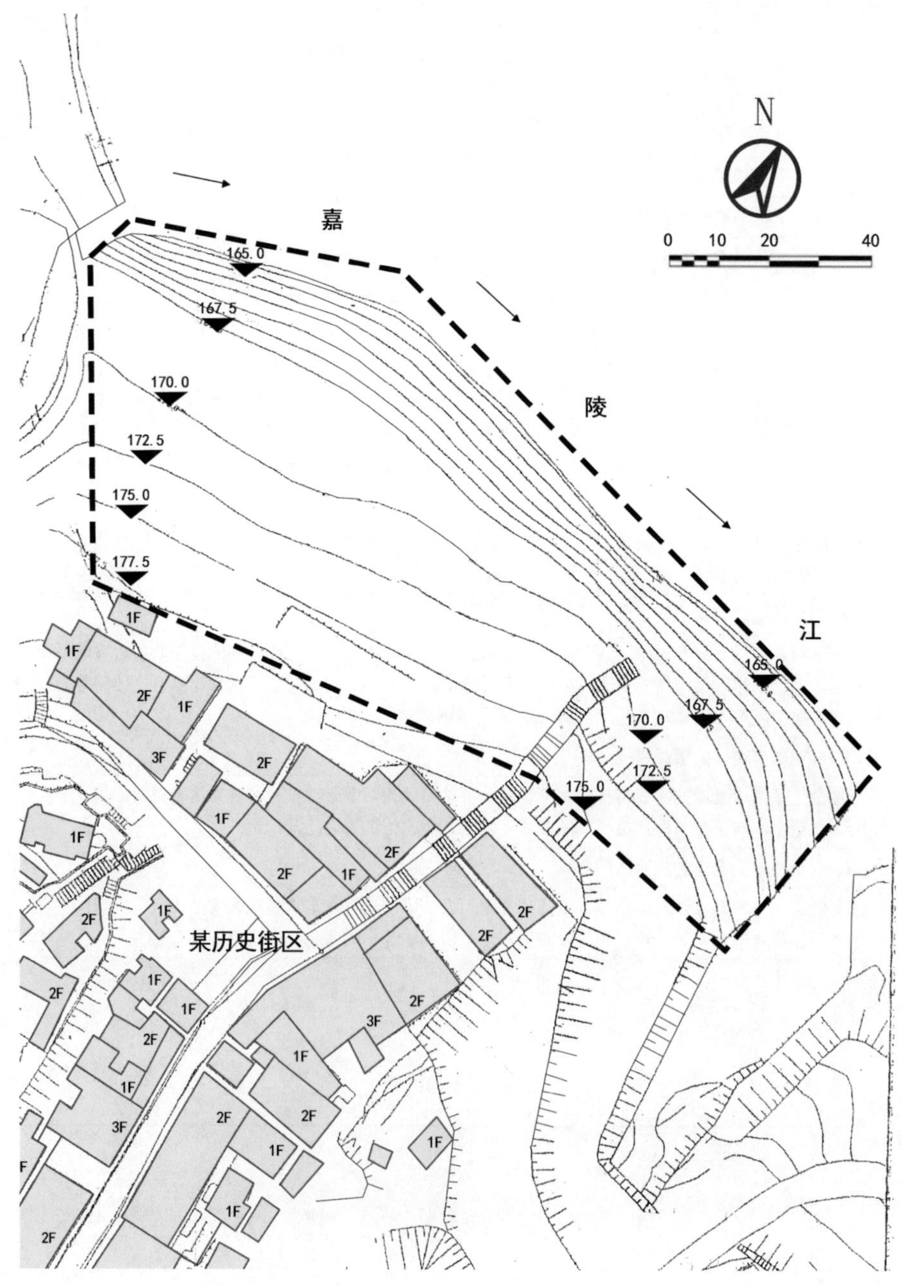

图 8–18

8.5　学生作品评析

北林—重大风景园林联合毕业设计作业

重庆大学毕业设计小组成员：杨黎潇、全弘艳、李晓静、田透、屈铮

联合毕设教学小组：李雄（北林）、杜春兰（重大）、姚鹏（北林）、夏晖（重大）

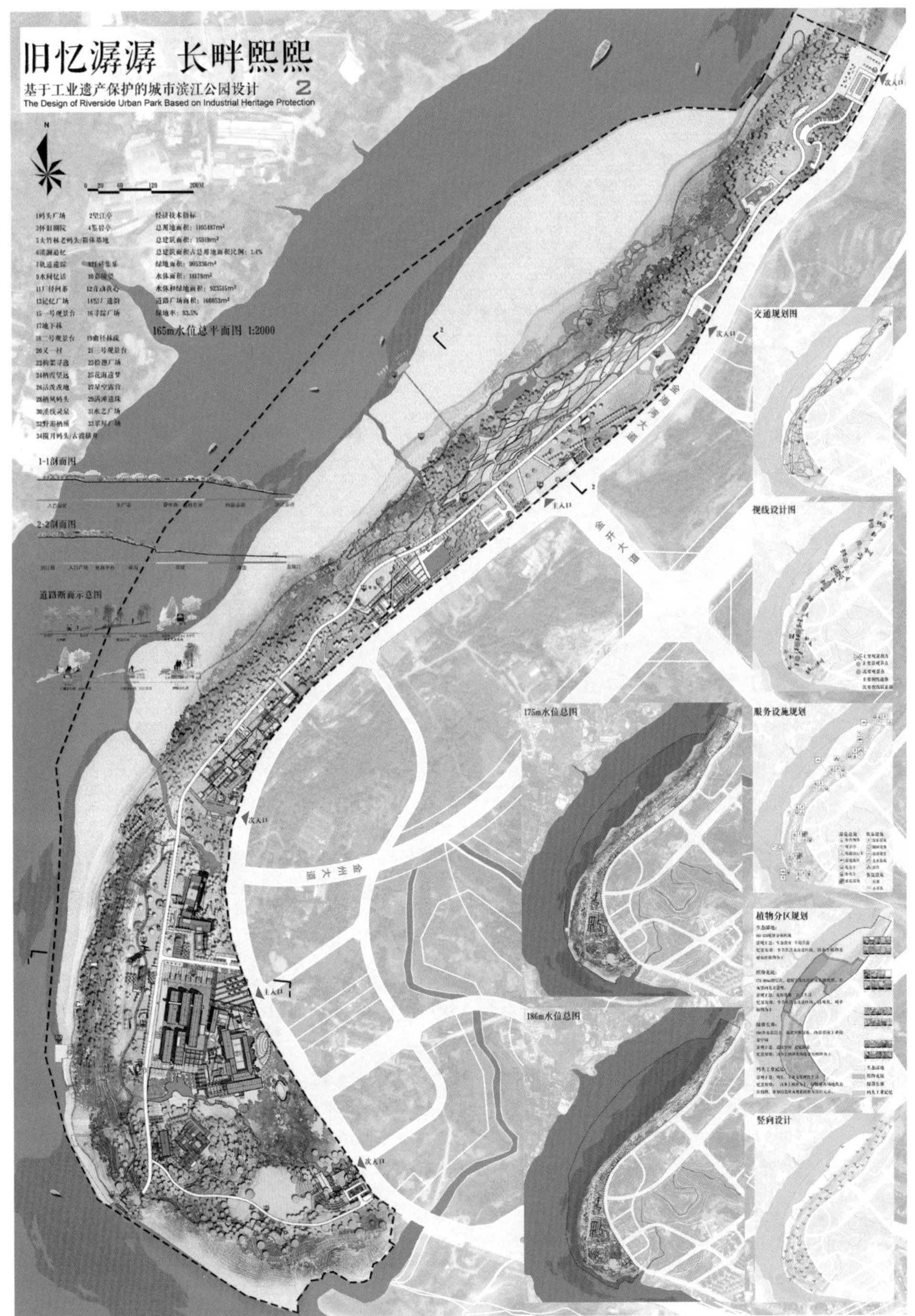

图 8—19

旧忆潺潺 长畔熙熙
基于工业遗产保护的城市滨江公园设计 3
The Design of Riverside Urban Park Based on Industrial Heritage Protection

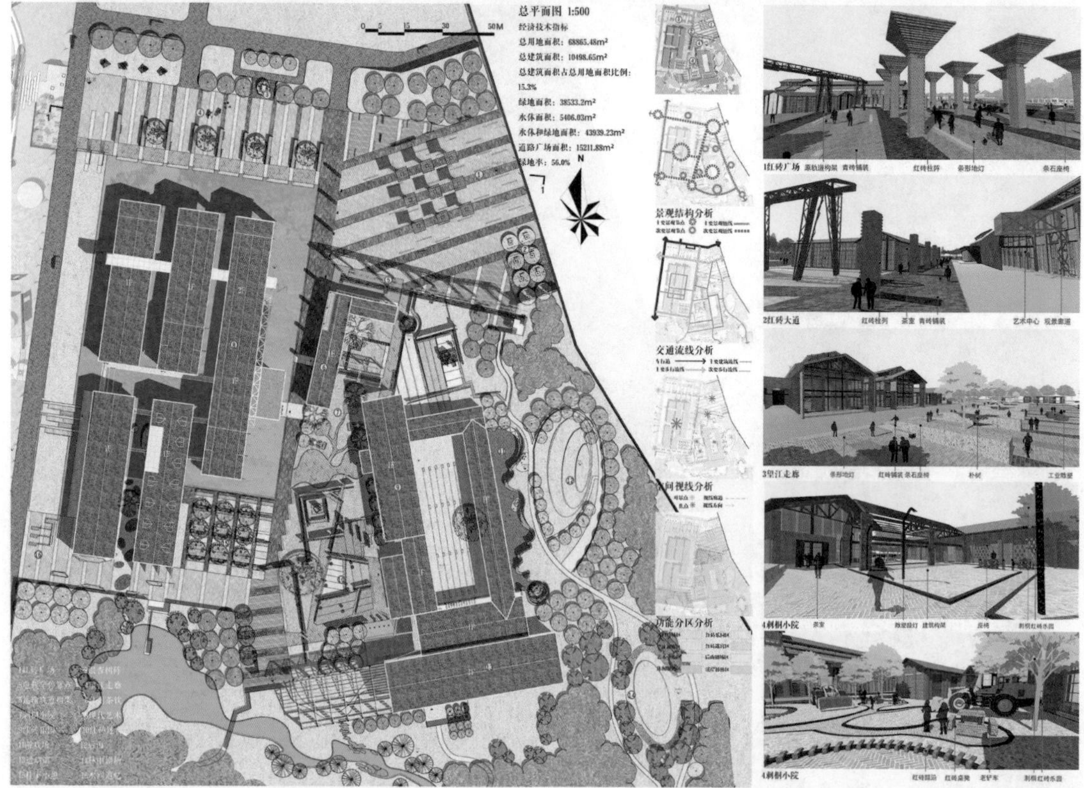
总平面图 1:500
0 5 15 30 50M
经济技术指标
总用地面积：68865.48m²
总建筑面积：10498.65m²
总建筑面积占总用地面积比例：15.3%
绿地面积：38533.2m²
水体面积：5406.03m²
水体和绿地面积：43939.23m²
道路广场面积：15211.88m²
绿地率：56.0%
N
景观结构分析
交通流线分析
视线分析
功能分区分析
1红砖广场
2红砖大道
3望江走廊
4刺桐小院
4刺桐小院

1-1节点剖面
银杏树阵
红砖广场
运输轨道
运输轨道
艺术中心
主园路
遗址草坪

图 8–19（续）

一层平面图 1:300
二层平面图 1:300
A区现代艺术中心
B区红砖乐园
金沙湾大道
旧忆潺潺 长畔熙熙
基于工业遗产保护的城市滨江公园设计
5
The Design of Riverside Urban Park Based on Industrial Heritage Protection
B区正立面图 1:300
B区背立面图 1:300
A区正立面图 1:300
A区背立面图 1:300
A区侧立面图 1:300
A区建筑改造策略
B区建筑改造策略
艺术中心厂房内部透视——展览、书吧
红砖乐园厂房内部透视——互动展示
红砖乐园厂房内部透视——茶饮
红砖乐园厂房内部透视——运动馆

图 8-19（续）

旧忆潺潺 长畔熙熙
基于工业遗产保护的城市滨江公园设计 4
The Design of Riverside Urban Park Based on Industrial Heritage Protection
植物配置图 1:750
乔木配置表
灌木配置表
1红砖迷宫
1红砖迷宫
2柱下小憩
3游戏场
4水间追忆
5林中剧场
竖向设计
设计策略
红砖策略
铺装策略
小品策略
艺术中心剖面图
A区艺术中心建筑效果
B区红砖乐园、茶室、运动馆建筑效果

图 8–19（续）

北林—重大风景园林联合毕业设计作业

重庆大学毕业设计小组成员：赵灵佳、吴熙、李轩昂、杨一飞、张弢

联合毕设教学小组：杜春兰（重大）、李雄（北林）、夏晖（重大）、姚鹏（北林）

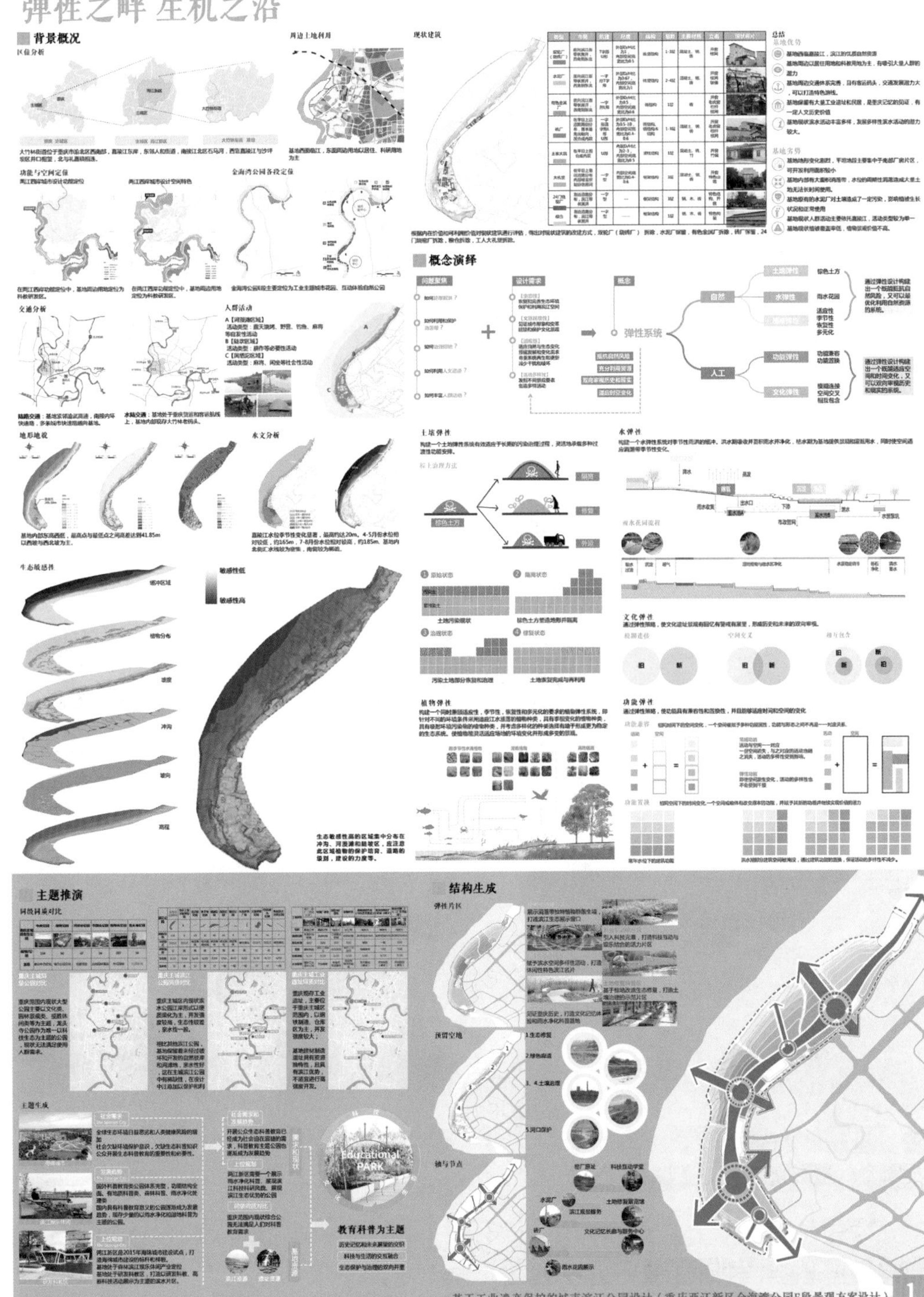

图 8–20

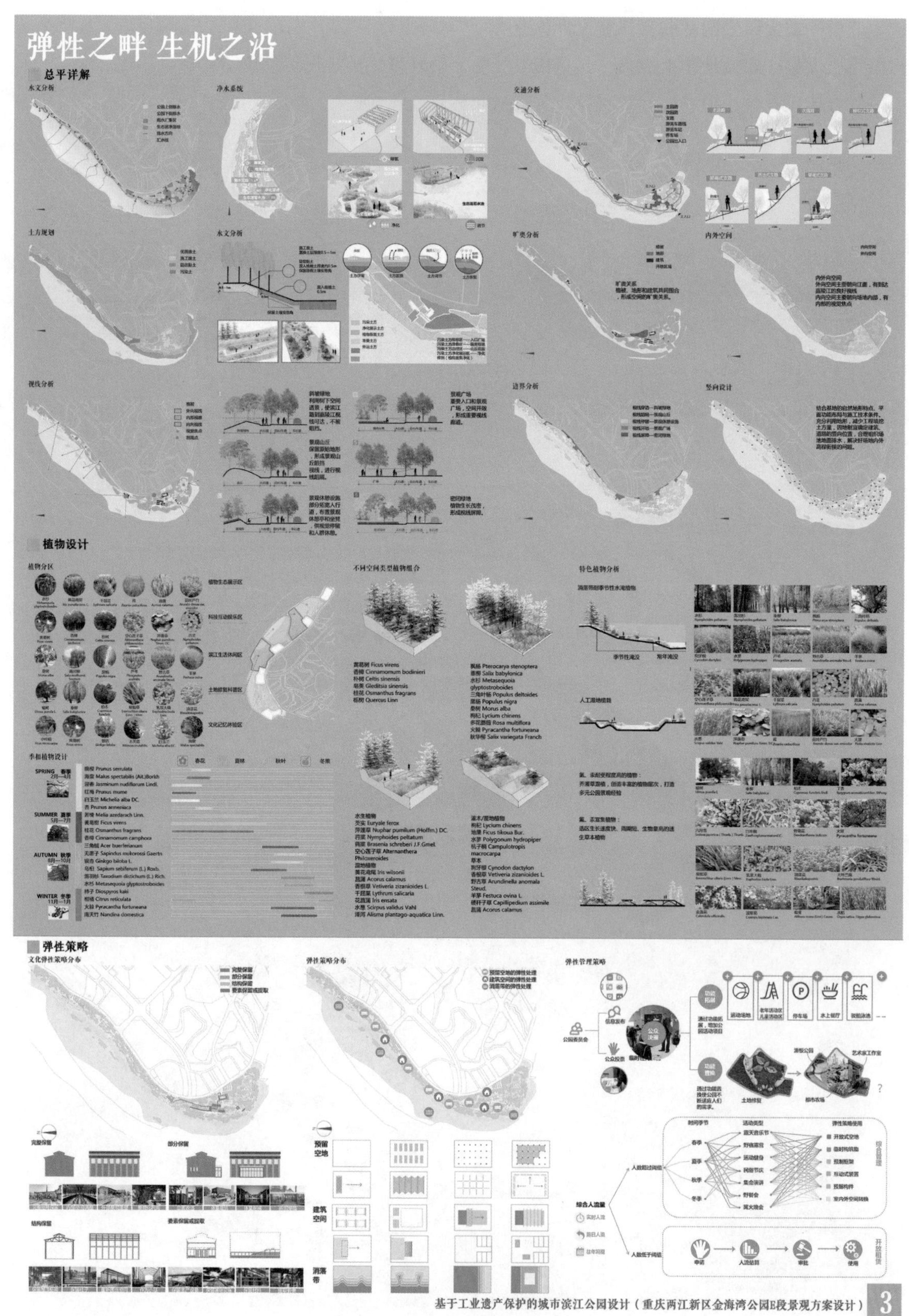

弹性之畔 生机之沿
总平详解
植物设计
弹性策略
基于工业遗产保护的城市滨江公园设计（重庆两江新区金海湾公园E段景观方案设计）
3

图 8–20（续）

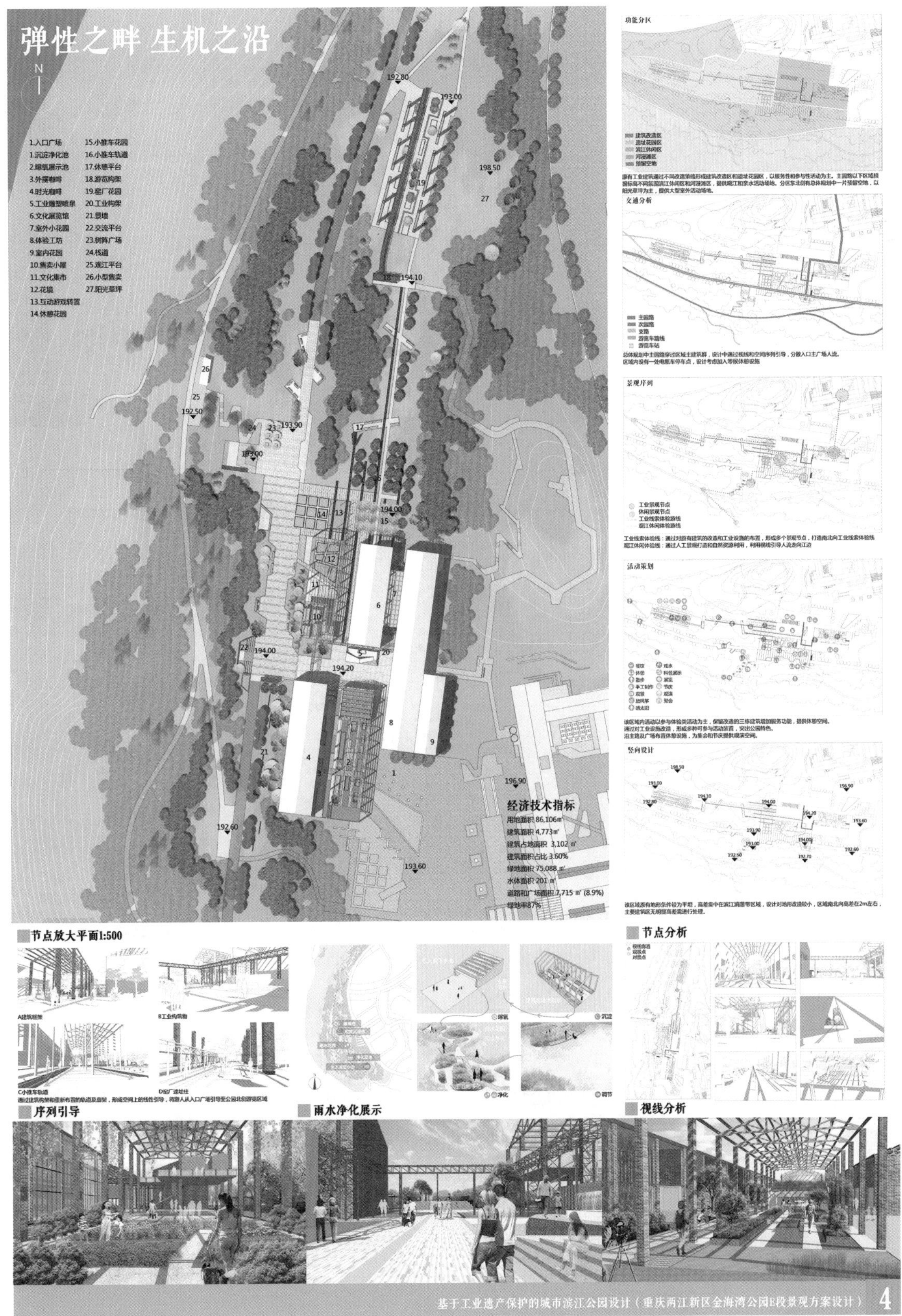

弹性之畔 生机之沿
1.入口广场
1.沉淀净化池
3.释氧展示池
4.外摆咖啡
4.时光咖啡
5.工业雕塑喷泉
6.文化展览馆
7.室外小花园
8.体验工坊
9.室内花园
10.售卖小屋
11.文化集市
12.花镜
13.互动游戏转置
14.休憩花园
15.小推车花园
16.小推车轨道
17.休憩平台
18.游览构架
19.窑厂花园
20.工业构架
21.景墙
22.交流平台
23.树阵广场
24.栈道
25.观江平台
26.小型售卖
27.阳光草坪
经济技术指标
用地面积 86,106㎡
建筑面积 4,773㎡
建筑占地面积 3,102㎡
建筑面积占比 3.60%
绿地面积 75,088㎡
水体面积 201㎡
道路和广场面积 7,715㎡ (8.9%)
绿地率87%
功能分区
交通分析
景观序列
活动策划
竖向设计
节点放大平面1:500
A建筑翻架
B工业构筑物
C小推车轨道
D窑厂遗址柱
序列引导
雨水净化展示
节点分析
视线分析
基于工业遗产保护的城市滨江公园设计（重庆两江新区金海湾公园E段景观方案设计） 4

图 8–20（续）

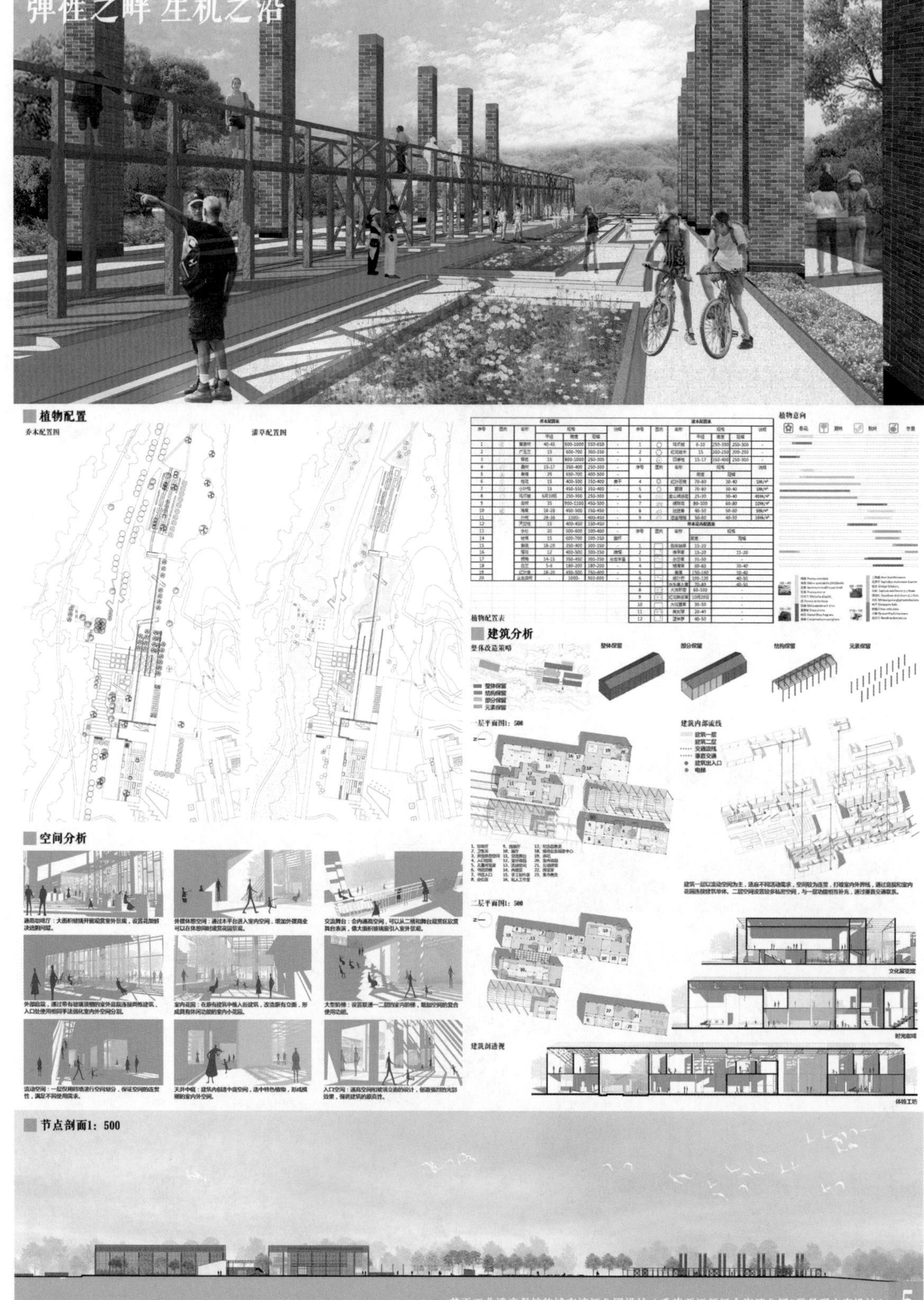
弹性之畔 生机之沿
植物配置
乔木配置图
灌草配置图
植物配置表
植物意向
建筑分析
整体改造策略
整体保留
部分保留
结构保留
元素保留
一层平面图1：500
建筑内部流线
二层平面图1：500
建筑剖透视
文化展览馆
时光咖啡
体验工坊
空间分析
节点剖面1：500
基于工业遗产保护的城市滨江公园设计（重庆两江新区金海湾公园E段景观方案设计）5

图 8–20（续）

四校建筑学／城乡规划／风景园林三专业联合毕业设计作业

重庆大学毕业设计小组成员：王玉鑫、但卓昕、屠荆清

联合毕设教学小组：邓蜀阳（建筑）、李和平（规划）、刘骏（景观）、应文（规划）

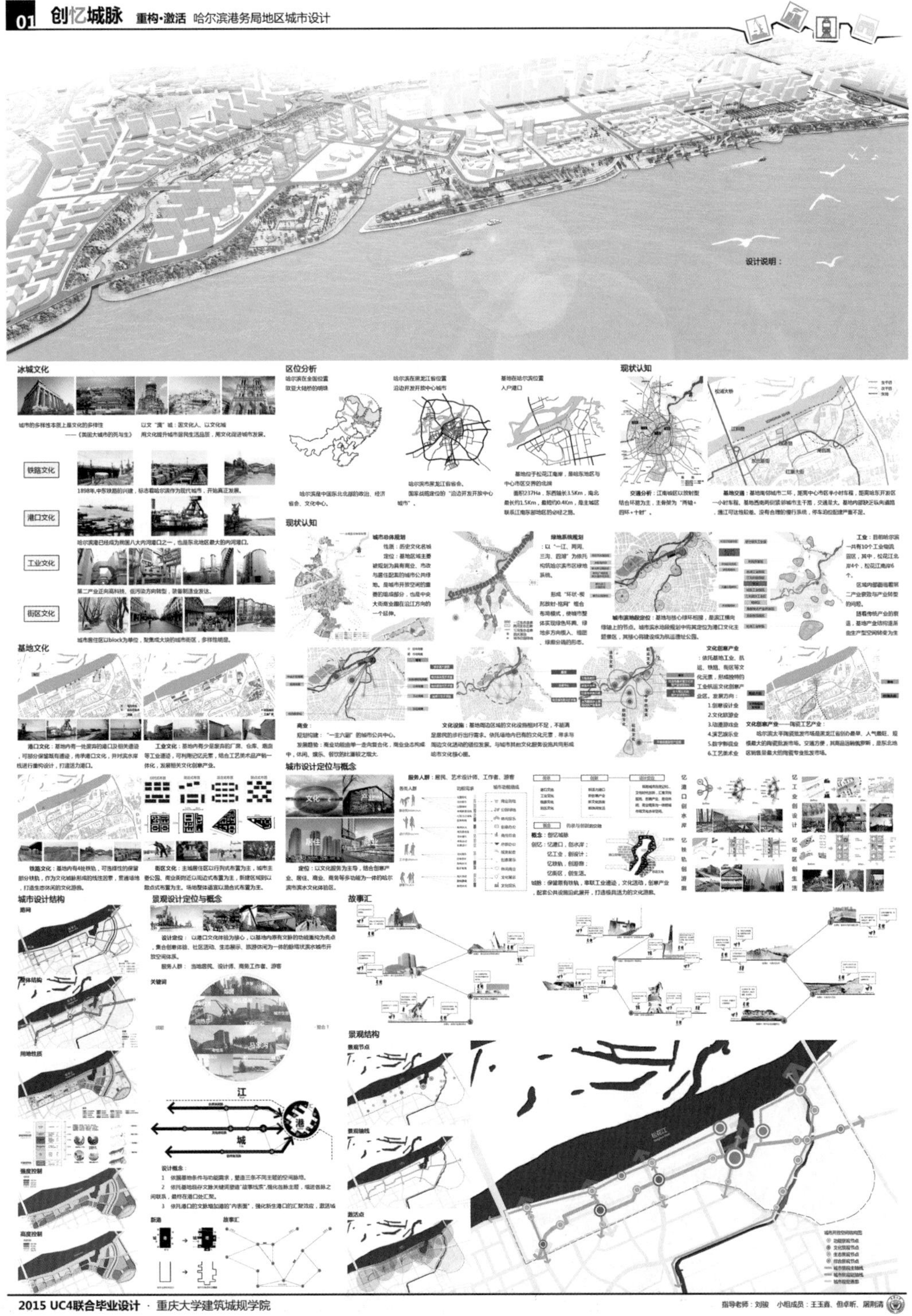

图 8–21

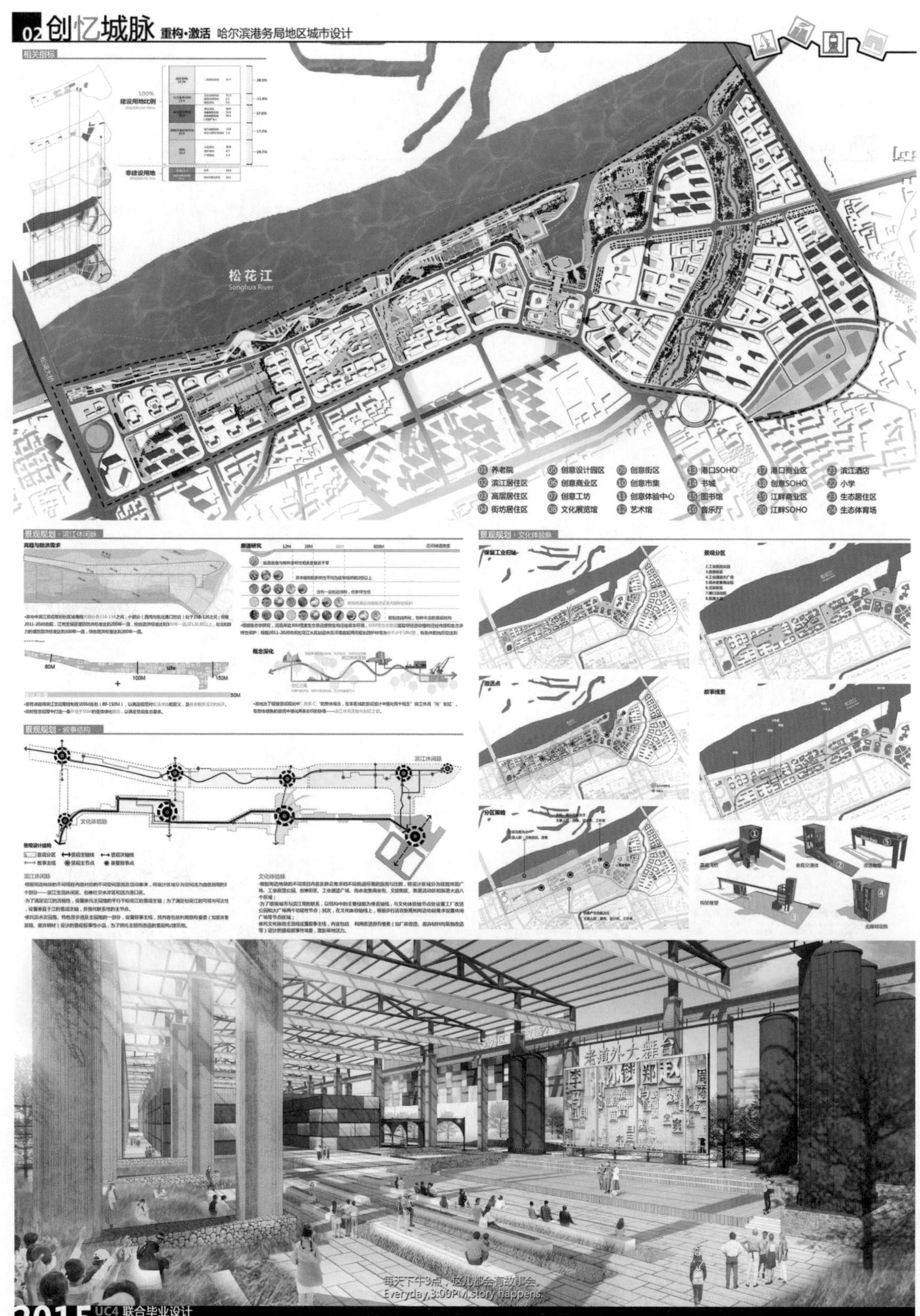

02 创忆城脉 重构·激活 哈尔滨港务局地区城市设计
相关指标
建设用地比例
非建设用地
松花江
Songhua River
01 养老院
02 滨江居住区
03 高层居住区
04 街坊居住区
05 创意设计园区
06 创意商业区
07 创意工坊
08 文化展览馆
09 创意街区
10 创意市集
11 创意体验中心
12 艺术馆
13 港口SOHO
14 书城
15 图书馆
16 音乐厅
17 港口商业区
18 创意SOHO
19 江畔商业区
20 江畔SOHO
21 滨江酒店
22 小学
23 生态居住区
24 生态体育场
景观规划·滨江休闲脉
景观规划·叙事结构
滨江休闲脉
文化体验脉
景观规划·文化体验脉
保留工业印迹
景观分区
激活点
故事线索
分区策略
每天下午3点，这儿都会有故事会。
Everyday,3:00PM,story happens.
2015 UC4 联合毕业设计
RECONSTRUCTION AND ACTIVATION URBAN DESIGN OF THE PORT AUTHORITY AREA IN HARBIN

图 8–21（续）

03 创忆城脉 重构·激活 哈尔滨港务局地区城市设计
故事汇演绎
A.起点，使用集装箱改造的观景塔，作为主入口的视觉焦距点
B.使用集装箱改造的故事盒子，内壁有介绍往昔采沙场的钢板绘画
C.锈蚀钢板的故事之墙与雕塑“锚”，讲述码头的故事
D.江边保留起重机，暗示场地往昔的功能，其下改造成可停留空间
E.码头工人雕塑群，暗示工人搬卸场景
F.保留厂房的框架结构形成空间围合，做为第一个空间高潮
G.水池雕塑，暗示厂房区空间序列的开始，铁轨引导人的前行
H.飞桥，将人流带离地面，从更高的视角感受基地氛围
I.创忆之塔，作为第二个空间高潮，厂房框架结构提示视线转移
J.尾声，锈蚀钢板铺地，将人流引导向港口中心

平面图
1.起点，改造废弃完整铁轨作为林荫大道，作为主入口的视觉焦距点和工业改造标识
2.利用厂房钢架还原原厂房内的框景，煤堆用黑灰色玻璃钢代替，防尘板用钢架之间的格栅代替
3.用长廊的形式强调叙事场景，长廊的尽头是铁罐改造的室外大舞台，预示更多故事的发生
4.工厂立面进行凹凸面盒子拼接的改造，作为工业改造公园主入口的标识的同时，也是滨江带突出的背景，入口的雕塑形成视觉焦点
5.第一个空间的高潮，工业改造大舞台，以原构筑物为背景作为屏幕，不定期上演各种故事
6.以水池作为烟囱观景塔和厂房的前区过渡空间，强迫人驻足停留，感受工业氛围，进行路径选择

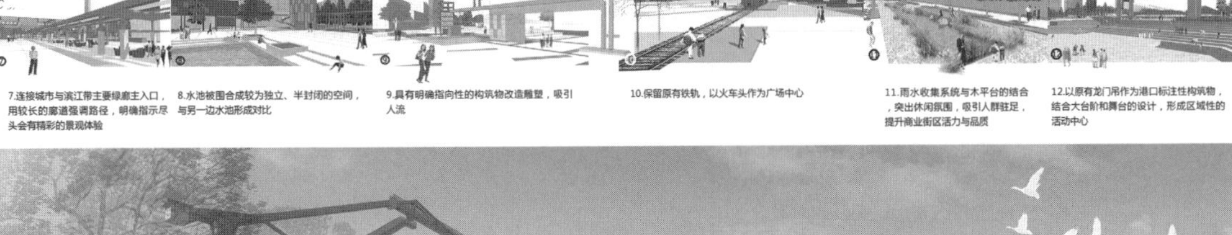
7.连接城市与滨江带主要绿廊主入口，用较长的廊道强调路径，明确指示尽头会有精彩的景观体验
8.水池被围合成较为独立、半封闭的空间，与另一边水池形成对比
9.具有明确指向性的构筑物改造雕塑，吸引人流
10.保留原有铁轨，以火车头作为广场中心
11.雨水收集系统与木平台的结合，突出休闲氛围，吸引人群驻足，提升商业街区活力与品质
12.以原有龙门吊作为港口标注性构筑物，结合大台阶和舞台的设计，形成区域性的活动中心

2015 UC4 联合毕业设计
RECONSTRUCTION AND ACTIVATION　URBAN DESIGN OF THE PORT AUTHORITY AREA IN HARBIN

图 8–21（续）

10 创忆城脉 重构·激活 哈尔滨港务局地区城市设计
RECONSTRUCTION AND ACTIVATION URBAN DESIGN OF THE PORT AUTHORITY AREA IN HARBIN
SECTION 3-3
2015 UC4联合毕业设计 · 重庆大学建筑城规学院
12 创忆城脉 重构·激活 哈尔滨港务局地区城市设计
RECONSTRUCTION AND ACTIVATION URBAN DESIGN OF THE PORT AUTHORITY AREA IN HARBIN
A-A 剖面图
B-B 剖面图
2015 UC4联合毕业设计 · 重庆大学建筑城规学院

图 8—21（续）

8.6 设计与思考

1. 中国传统文化中的山水观对现今城市的人、城、水的共生与可持续发展有什么指导意义？我们可以从中国传统山水观中汲取哪些精华？

2. 城市滨水区往往是自然灾害的多发区域，有哪些应对滨水区自然灾害的景观设计策略？

第9章 城市微空间景观设计

场景感知
案例解析
设计要点清单
实战演练
学生作品评析
设计与思考

9.1　场景感知

☆ 调查：我们身边的“微空间”

请观察我们周边，总有一些城市中的小角落，它们是你每日的必经之地，你却熟视无睹；它们微不足道却又充满活力，它们毫不起眼却与我们的城市生活息息相关。让我们先记录下这些城市中的点点滴滴吧！

地点	步行时间	面积规模	周边环境	使用情况	存在问题

☆ 想一想

是什么原因造成城市空间的“失落”？又是什么原因会让一些公共空间充满活力？

9.2　案例解析

9.2.1　袖珍天堂——佩雷公园

项目：纽约佩雷公园

地点：美国，纽约

面积：390m²

设计师：罗伯特·泽恩

佩雷公园由美国第二代现代景观设计师罗伯特·泽恩设计，在当时作为新形式的城市公共空间，标志着袖珍型公园的诞生。公园位于美国纽约53号大街，周边是密集的商业区，人口密度大，公园仅仅占地 390m^2，可达性好，为喧哗的都市提供了一个安静的城市绿洲。无论是规模还是功能的设计上，公园都恰到好处地适应了曼哈顿的城市条件，并对城市产生了不亚于纽约中央公园的重要意义。

园中空间组织简洁，6m 高的水幕墙瀑布，作为整个公园的背景。瀑布制造出来的流水的声音，掩盖了城市的喧嚣，公园三面环墙，前面是开放式的入口，面对大街。公园主体区域是树阵广场，每棵皂荚树间距 3.7m，能提供足够宽敞的空间给游人活动。佩雷公园在设计的过程中，对于人性化考虑得十分周全。在公园入口位置，是四级阶梯，两边是无障碍斜坡通道。整个公园地面高出人行道，将园内空间与繁忙的人行道分开。公园混合了多种元素，将不同材质色调协调融合。总的来说，佩雷公园提供了一个实用性较强的城市园林空间，是城市公共空间设计的典范（图 9-1~ 图 9-3）。

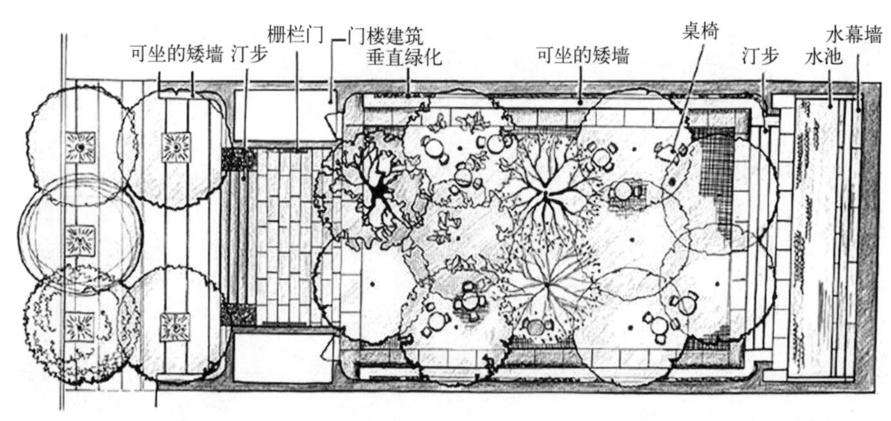

图 9-1 佩雷公园平面图

图 9-2 佩雷公园立面图

图 9-3 佩雷公园实景图

9.2.2 空中活力线——纽约高线公园

项目地点：美国，纽约

项目时间：2009 年

获奖情况：2010 年 ASLA 综合设计类杰出奖

设计师：菲尔德事务所、迪勒·斯科菲迪奥和伦佛建筑事务所

“该项目如此招人喜欢，已广受赞赏，确实理应如此。”

——2010ASLA 专业奖评审委员会

位于曼哈顿西侧的高线公园，总长约 2.4km，跨越 20 多个街区，是独特的空中线性花园。基地曾作为铁路运输线，直至 20 世纪 80 年代停运。高线公园项目成功激活了衰落的切尔西地区，不仅为纽约市区提供开放休闲活动空间，更吸引了临近区域，乃至全球的投资目光。至今该项目常作为城市景观主义的范例，促进了景观建筑学与城市设计领域之间的对话。①

得益于公众参与，在“高线之友”组织的大力保护下，运输线免于拆迁之险。高线公园作为政府与市民伙伴关系的体现。在整个设计过程中，引入公众参与环节，市民关注度高，也为日后维护与运营的各方协调带来便利。

图 9-4　高线公园实景图

公园设计采用灵活的手法，利用错落的垂直空间，营造出丰富的空间体验，巧妙地解决了空间功能单一的困境。不仅如此，水平空间上，运用植物等景观要素，为空间的起承转合创造条件。同时高线公园整体设计生态野趣与人工现代巧妙地融合，在硬质铺装与软质景观相渗透的策略中可见一斑。植被的选择上保留了高线荒废年间的植物品种，更添野趣的同时，强化了自然共生的设计理念（图 9-4、图 9-5）。

① （英）蒂姆·沃特曼，艾德·沃尔．景观与城市环境设计 [M]. 大连：大连理工大学出版社，2011.

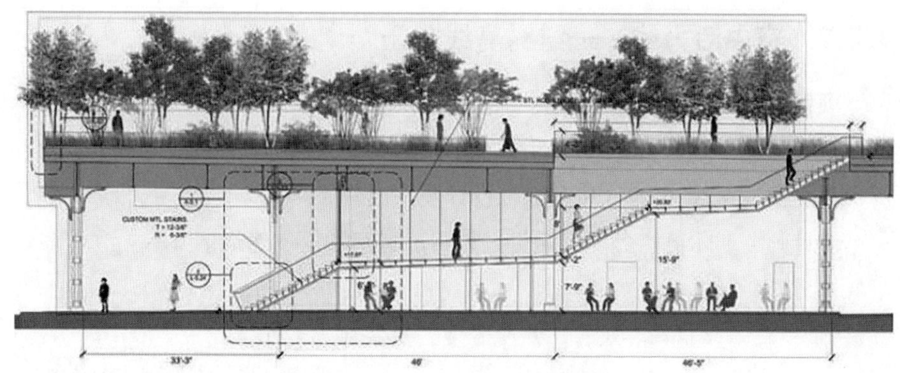

图 9-5 剖面设计
资料来源：2010ASLA 官网 /https：//www.asla.org/2010awards/173.html

9.2.3 狭缝花园——纽约国会大厦广场景观

项目地点：美国纽约

设计团队：Thomas Balsley Associates

获奖情况：2005 年美国风景园林师协会奖——综合设计杰出奖

“非常实用！在有限的预算和狭小的空间下，创造了多种空间环境。不同寻常的座椅创意使得广场更加实用。”

——专家评语

纽约国会大厦广场位于卓尔居新兴的居民区，在周末古董市场和花区商店中间。这个开放的公共空间连接着 26 街和 27 街。在曼哈顿地区公共开放空间比较少，国会大厦广场的设计目标是给人们提供一个可休憩的空间，人们可以观赏植物，就餐和逛商店。

广场的墙壁上爬满卷曲的植物，这样的薄墙将空间划分为几个区域，并且设置了不同的隐私度。同时根据人群活动习惯，用户定制设计了大量不锈钢家具：比如条桌和可旋转的凳子，和咖啡桌连接的长椅，给想坐下来休息的人们提供了多种的选择性。30m 长的波浪状的金属墙被涂抹上鲜亮的橙色，吸引着从第六大道的步行者和车辆。墙上椭圆形的孔和从中伸出来的竹叶弱化了风景和建筑之间的距离，并且还设置了椭圆的不锈钢框架排水道，使植物生存的环境更有保障性。北边荫凉的区域是野餐区。南边阳光和植物充足的地带是户外咖啡馆，这里是居民们的最爱（图 9-6）。

9.2.4 街边小天地——诺列加街休闲区

项目地点：美国加利福尼亚州旧金山诺列加街

设计团队：Matarozzi Pelsinger Design + Build

这是一个利用街边 3 个停车位设计的可以供人坐着娱乐休闲的小空间。设

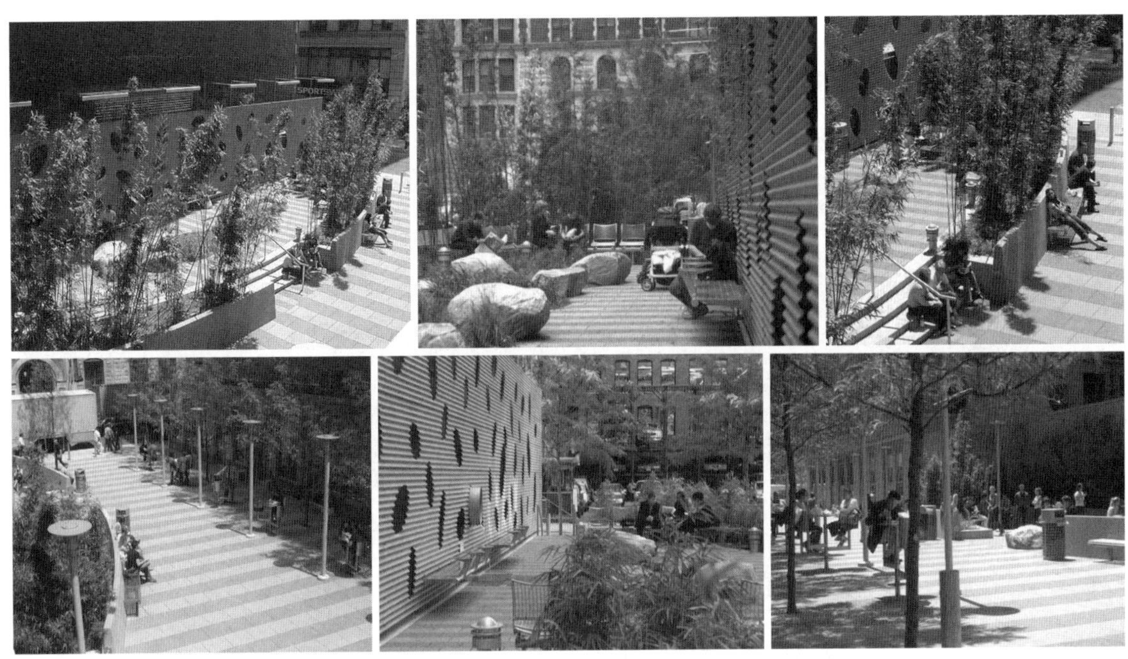

图 9-6　广场实景图
资料来源：2005ASLA 官网 /https：//www.asla.org/awards/2005/05winners/385.html

计将一个 45° 平行四边形细分为两个独立的空间来满足各种不同的需求。一边敞开正对着人行道，而另一边则相对安全和私密性。整个空间由几个不完整的三角形的长盒子构成，部分设计成座椅，而具有危险性的“尖角”部分种植了植物来保护人们的安全（图 9-7、图 9-8）。

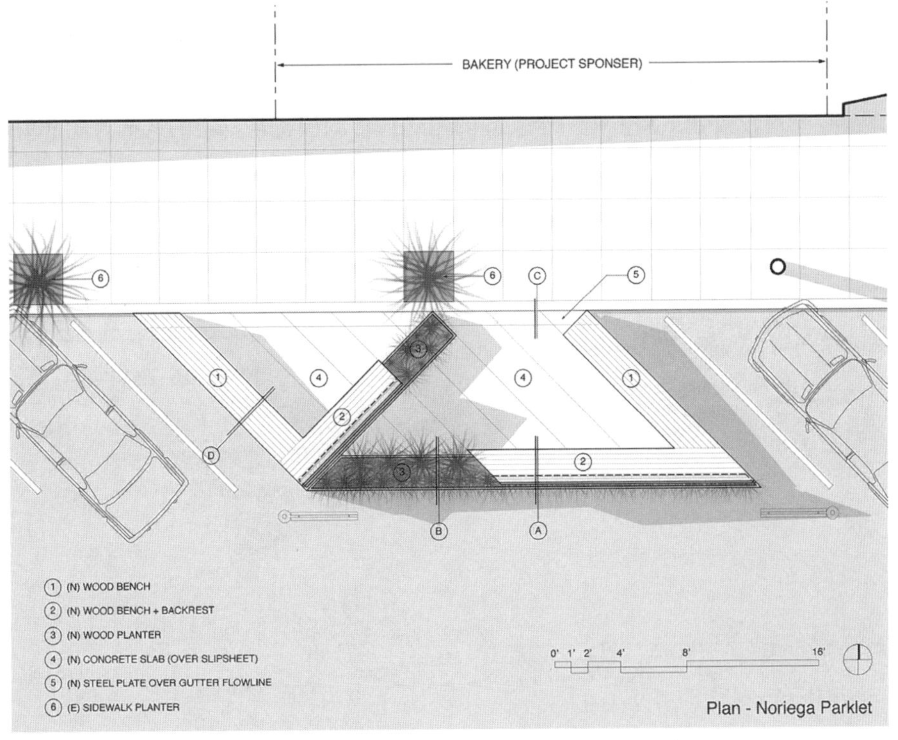

图 9-7　诺列加街休闲区平面设计图

图 9-8 诺列加街实景照片

9.2.5 忙碌中的停歇——旧金山日落“微公园”

项目地点：美国，旧金山

设计团队：INTERSTICE 建筑事务所

这个只有长 15m 的公共装置景观成为旧金山一个解决城市问题的有效途径。城市的地形与常规的街道网格成为该项目开发的灵感所在。设计位于当地的一个食品市场及一家名为“海洋之风”的咖啡馆前，小小的“公园”中囊括了餐饮座位、群众互动区域、一系列的自行车停靠位、供儿童和宠物玩耍的耐用设施，一切充满想象、天马行空、玩味十足。颇具诗意的解读者将她喻为载有乘客停靠在海滩上的货船，行人可以在这个温暖而复杂的木头环境中暂时“躲避”混凝土世界的喧嚣，在人行道上放肆的玩耍、和朋友聚会、讲故事、吃午饭，或者只是占据一个安静的角落独自阅读也是不错的选择（图 9-9~图 9-11）。

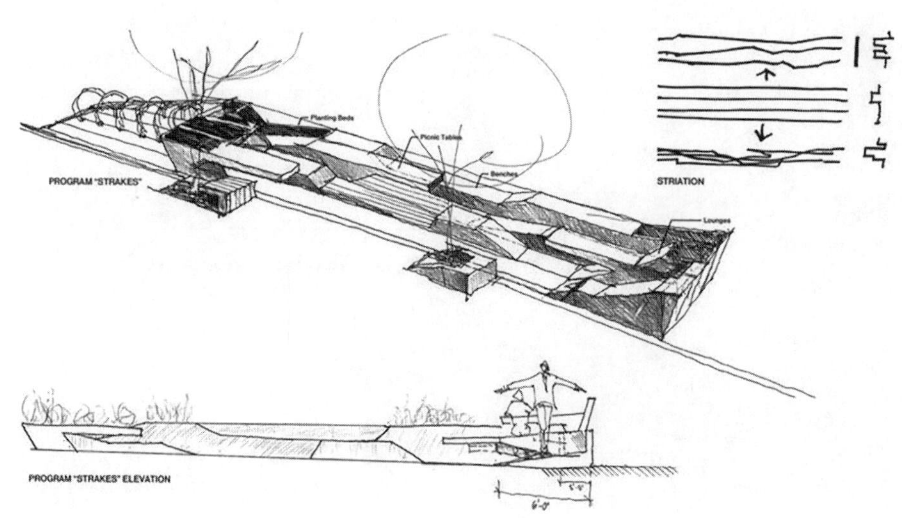

图 9-9 日落“微公园”概念设计图

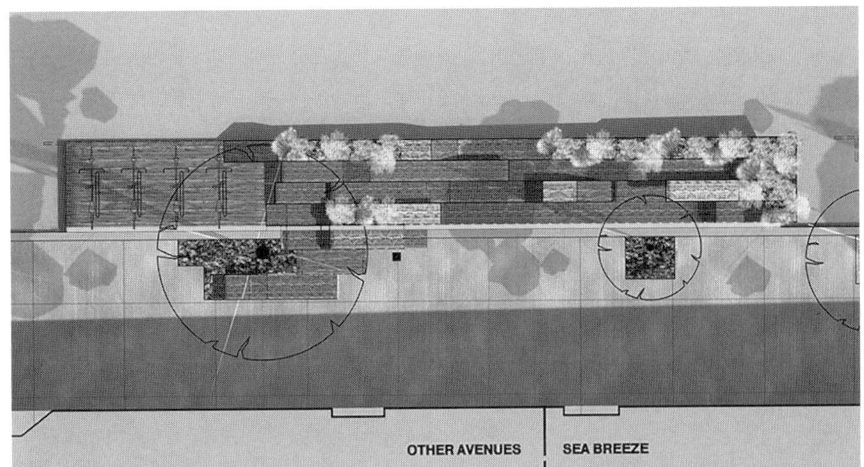

图 9–10 日落“微公园”平面图

图 9–11 日落“微公园”实景照片
资料来源：中国风景园林网 http：//www.chla.com.cn/htm/2015/0709/235598.html

图 9–11 日落“微公园”实景照片（续）
资料来源：中国风景园林网 http://www.chla.com.cn/htm/2015/0709/235598.html

9.3 设计要点清单

NO.1“业态”要点清单

□ 1. 了解场地所在城市中的区位条件

包括用地的地理区位、交通条件（周边道路交通 / 公共交通 / 步行可能性等）、与城市核心区的关系（城市门户 / 紧邻城市核心区 / 城市道路交叉点）等。

□ 2. 实地走访调研，详细了解并分析广场周边情况

周边地块功能（商业 / 居住 / 娱乐 / 工业等）、使用人群（现状使用者 / 潜在使用者）、人流来向及去向等情况。
城市微空间具有分布广泛、使用率高、规模较小的特点，场地周边使用者的实际需求尤为重要。

□ 3. 对功能及用途进行评估和定位

大型公共建筑、商业办公建筑附近绿地：服务于办公、参观、购物人群，应注重休憩、集会功能；
居住区旁绿地：偏重于周边居民使用，考虑休闲、游览、健身等功能；
其他类型的绿地……

还有一些新想法……

NO.2“形态”要点清单

□ 4. 根据场地周边的现状条件，初步确定广场与周边用地的衔接关系

了解周边用地功能及使用条件、周边道路关系、使用者及潜在使用者来向、周边建筑景观界面、对景点等会影响城市公共绿地空间形态形成的要素。

□5. 深入分析场地内部的各项空间要素，形成空间景观结构

场地内部空间要素包括：现状建筑与构筑物、竖向高差、积水排水、现有景观设施、土壤情况、植被现状、场地边界、空间开敞封闭度特点等；空间景观结构包括主要景观点、景观视线序列与轴线、大致的功能分区等。

□6. 根据场地特征对功能区进行空间亚划分

根据现状条件设置如入口空间、形象展示空间、休憩空间，居住区周边应着重考虑老人儿童的活动空间。功能区应结合场地特殊的空间特征，包括竖向高差、城市观景面、现状植物、噪声污染面、主要人流来向等。

□7. 根据不同的场地空间形态特征、合理组织场地内部交通流线

狭长形绿地空间：受用地限制，易形成狭长空间。针对此类场地，游线常设计为一条平行于狭长边的主轴及多条垂直狭长边的次轴。两轴相交处以及轴线与边界相交处形成节点空间。

块状绿地空间：可采取主环线+枝状线或主环线+次环线+枝状线的游线模式，枝状线与城市空间相连，有效增强绿地的开放性。

□8. 根据空间功能的不同，合理处理景观节点与道路的交接关系

有主要道路穿越的节点空间，应以交通功能考虑为主；

与道路侧面连接的节点空间，多用于短暂休憩停留；

与次路相接的节点空间，私密性较好，围合感更强，以休憩、停留功能为主。

□9. 场地边界是联系城市的重要界面，可以有效创造交往空间、整合城市空间形态、提高用地效益

边界两侧的用地性质可以成为判别边界适宜开放程度的依据。边界开放程度越高，活动类型越多，辐射范围越广。设计中通常采用控制视线及交通的可达性来控制边界的开放程度。场地边界的开放程度对场所活动有影响。

□10. 入口空间设计

入口空间应该能够保证视觉和行为的可达性，因此入口空间与城市道路的关系、视觉景观界面，特征性和识别性都极为重要；同时还应考虑到人流的疏散和其他行为需求。

□11. 公共艺术及小品

公共绿地的公共艺术小品应多选择参与性强，能够提供复合的参与体验，如坐憩、交流、运动等，能有效促进自发性和社会性活动的产生，并且丰富城市中的景观体验。

还有一些新想法……

NO.3“生态”要点清单

□12. 对场地进行充分水文径流分析

分析场地周边河流、湖泊、江海等自然水源以及场地内部的水文情况，重点考虑内部洼塘、积水区或是冲沟等自然径流区域。

□13. 雨水管理设计

通过对雨水的收集、滞蓄、净化等措施，采用雨水收集、雨水管理系统、雨水花园等途径达到雨水管理的目的。采用透水铺装、下凹式绿地、植草沟等措施进行雨水的收集与利用。

□14. 植物配置应遵循生态效益最大化原则

注意搭配比例，以乔、灌木为主，增加绿化层次和生态效应；注意群落内部乔、灌、草之间色彩、质地、形态的协调和层次感；遵循植物的生态习性，避免将相互干扰生长的植物搭配在一起。

□ 15. 针对不同的功能分区，植物配置侧重点不同
运动区：外缘可用乔灌木包围，但为了运动员的安全以及避免植物受损，树木必须在离开运动场一定距离栽植。避免使用带刺、含毒、树叶过分细碎、长满果实、有刺激性或有飞絮的植物。 儿童活动区：植物配置在空间上应富于变化，形式多样，色彩丰富，选用的植物应无毒无刺、无刺激性及飞絮、不易发生病虫害。 老人活动区：通过植物配置来软化视线干扰、噪声干扰等不利周边环境因素，尤其要选择一些保健类的植物有利于老年人身心健康，所选植物应色彩宁静。
还有一些新想法……

NO.4 "情态"要点清单
□ 16. 深入了解场地的历史文脉
了解场地周边是否有历史遗迹、历史建筑或构筑物、其他重要的历史资源；深入挖掘场地过去的"故事"以及未来的发展意象。
□ 17. 结合场地的历史文脉和地域特征，提取并融入景观文化的要素
设计在场地中应尽可能延续街道的肌理，提取传统院落形态、道路转折方式来处理空间；或者挖掘城市居民文化生活情节，可以通过对活动的再现或者小品地刻等表现手法进行处理。
□ 18. 结合场地空间要素，合理布置活动设施
按其活动内容可大致归纳为穿越通行活动、静态休憩活动、体育健身活动、娱乐游戏活动以及游览观赏活动等等……最重要的是要考虑使用者的活动需求和对潜在活动项目挖掘。
□ 19. 考虑不同人群类型的活动特征
针对不同类型使用者进行详细的观察和分析，特别是要关注老年人和儿童群体的活动特征以及他们对空间的需求。
还有一些新想法……

注：已完成请在□内打✓

9.4 实战演练

基地为某城市中心的公共活动场地，占地面积约435m²。基地南接城市主要道路，北面为居住小区，沿街为底层商业，东面为医院。基地内无公共设施，平日场所活力低下，仅为附近居民通勤使用，而地块周边环境植被绿化条件良好，如何通过景观设计激发场所活力、提升环境品质呢？请给出你认为合理的景观设计方案，并为相关管理部门提供一些你认为可行的实施策略和管理建议（图9-12）。

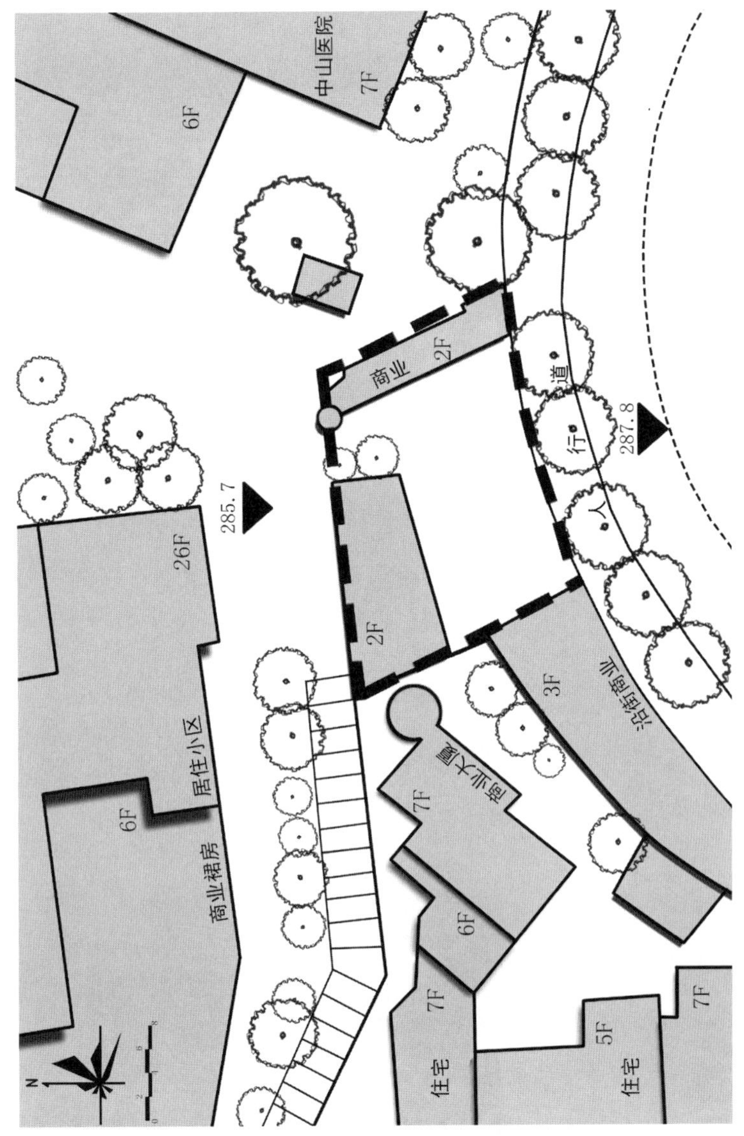

图 9–12

9.5　学生作品评析

奉贤南桥镇口袋公园更新设计（国际竞赛二等奖）（图 9–13）

作品名称：《79 $\frac{1}{2}$号解忧坊》

设计小组成员

重庆大学：王秋韵、谢瑞英、陈梦迪、陈佳佳

同济大学：刘卿云

指导老师：袁嘉（重庆大学）

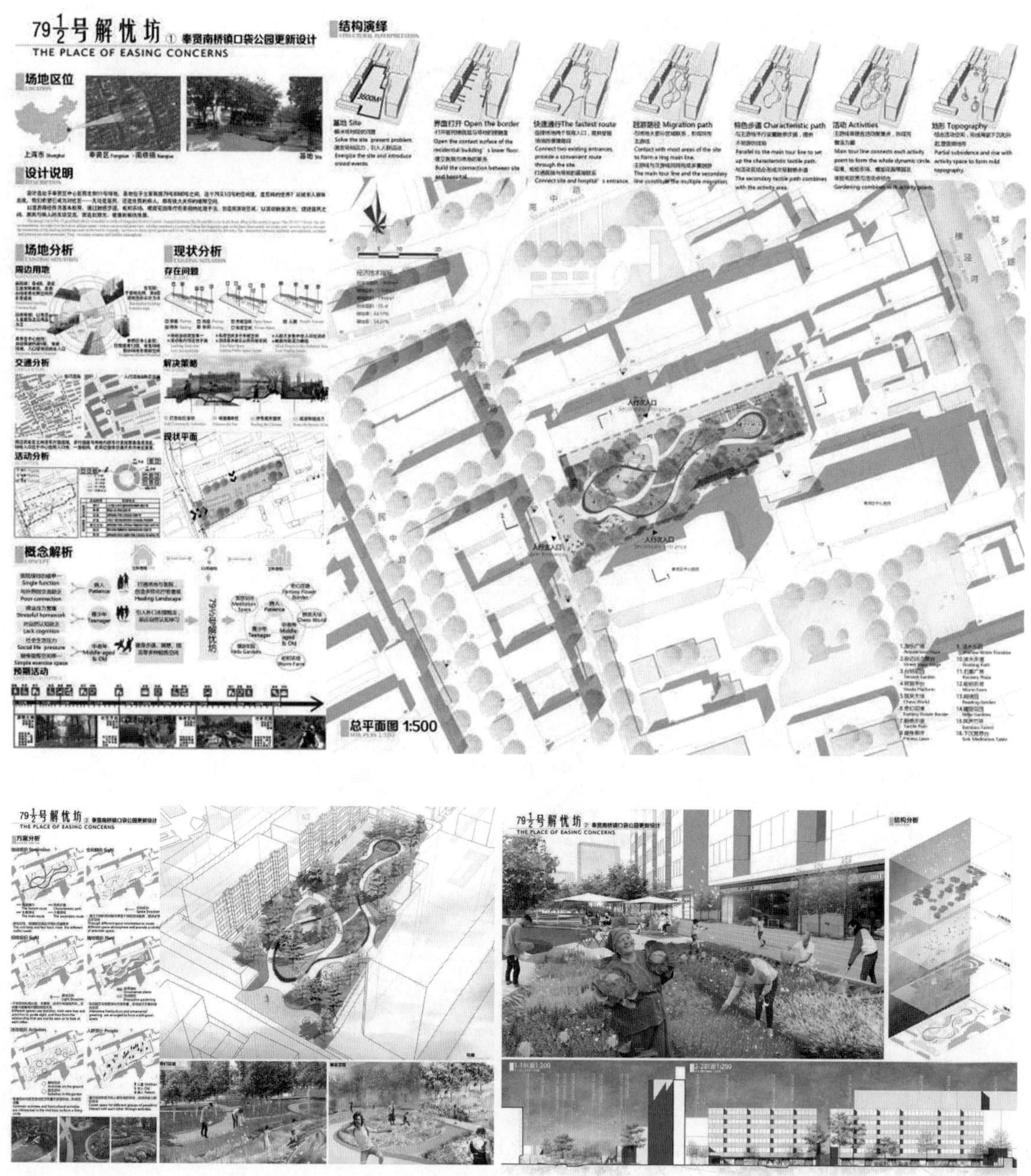

图 9–13

9.6 设计与思考

1. 针对本章节中所列举的几个国外设计案例，你认为有哪些设计做法是可以在国内城市微空间中实施和广泛运用的？又有哪些做法是难以在国内实施推广的？为什么？

2. 你是否还了解过其他与城市微空间设计相关的实践案例？

参考文献

[1]（美）诺曼 K. 布思 . 风景园林设计要素 [M]. 曹礼昆，曹德鲲译 . 北京：中国林业出版社，1989.

[2]（美）阿尔伯特 · J 拉利奇 . 大众行为与公园设计 . 王求是，高峰译 . 北京：中国建筑工业出版社，1990.

[3]《园林与景观设计》重庆建筑工程学院建筑系，1986.

[4] 罗小未，蔡琬英 . 外国建筑历史图说 [M]. 上海：同济大学出版社，1986.

[5] 侯幼彬，李婉贞 . 中国古代建筑历史图说 [M]. 北京：中国建筑工业出版社，2002.

[6] 米歇尔 · 劳瑞 . 景观设计学概论 [M]. 天津：天津大学出版社，2012.

[7]（美）巴里 · W · 斯塔克，约翰 · O · 西蒙兹 . 景观设计学—场地规划与设计手册 [M]. 北京：中国建筑工业出版社，2000.

[8] 苏雪痕 . 植物造景 [M]. 北京：中国林业出版社，1994.

[9] 臧德奎 . 园林植物造景 [M]. 北京：中国林业出版社，2008.

[10]（日）芦原义信 . 外部空间设计 [M]. 尹培桐译 . 北京：中国建筑工业出版社，1985.

[11]（日）芦原义信 . 街道的美学 [M]. 尹培桐译 . 北京：百花文艺出版社，2006.

[12]（丹麦）扬 · 盖尔 . 交往与空间国外城市设计丛书，中国建筑工业出版社，2002.

[13]（丹麦）扬 · 盖尔 . 公共空间公共生活 [M]. 北京：中国建筑工业出版社 .

[14]（英）克利夫 · 芒福汀 . 绿色尺度 . 国外城市设计丛书 [M]. 北京：中国建筑工业出版社，2004.

[15]（英）克利夫 · 芒福汀 . 街道与广场 [M]. 北京：中国建筑工业出版社，2004.

[16]（美）雅各布斯 . 伟大的街道 [M]. 北京：中国建筑工业出版社，2009.

[17]（英）妮古拉 · 加莫里，雷切尔 · 坦南特 . 城市开放空间设计 [M]. 北京：中国建筑工业出版社，2007.

[18]（美）道格拉斯 · 凯尔博 . 共享空间——关于邻里与区域设计 [M]. 北京：中国建筑工业出版社，2007.

[19]（美）阿里 · 迈达尼普尔 . 城市空间设计 [M]. 北京：中国建筑工业出版社，2009.

[20]（美）克莱尔 · 库珀 · 马库斯，（美）卡罗琳 · 弗朗西斯 . 人性场所 城市开放空间设计导则 [M]. 俞孔坚等译 . 北京：中国建筑工业出版社，2001.

[21]（英）汤普森，特拉夫罗 . 开放空间——人性化空间 [M]. 章建明等译，北京：中国建筑工业出版社，2011.

[22]（美）罗杰 · 特兰西克 . 寻找失落空间 [M]. 北京：中国建筑工业出版社，2008.

[23] 诺伯格 · 舒尔茨 . 场所精神——迈向建筑的现象学 [M]. 武汉：华中科技大学，2010.

[24] 李道增 . 环境行为学概论 [M]. 北京 ：清华大学出版社，1999.
[25] 罗伯特 · L · 索尔索 . 认知心理学 [M]. 北京 ：江苏教育出版社，2006.
[26] 林玉莲，胡正凡 . 环境心理学（第二版）[M]. 北京 ：中国建筑工业出版社，2006.
[27] 王建国 . 城市设计 [M]. 北京 ：中国建筑工业出版社，2009.
[28] 夏祖华，黄伟康 . 城市空间设计 [M]. 南京 ：东南大学出版社，2002.
[29] 王珂 . 城市广场设计 [M]. 南京 ：东南大学出版社，1999.
[30] 梁梅 . 滨水景观设计概论 [M]. 武汉 ：华中科技大学出版社，2012.
[31] 王向荣，林箐 . 西方现代景观设计的理论与实践 [M]. 北京：中国建筑工业出版社，2002.
[32] 王贞 . 城市河流生态护岸工程景观设计理论与策略 [M]. 北京 ：华中科技大学出版社，2015.
[33] 西蒙兹 . 景观设计学——场地规划与设计手册 [M]. 北京 ：中国建筑工业出版社，2000.
[34] 孙明 . 城市园林设计类型与方法 [M]. 天津 ：天津大学出版社，2007.
[35] 成玉宁，杨锐 . 数字景观——中国首届数字景观国际论坛 [M]. 南京 ：东南大学出版，2013.
[36]（美）约翰 · 莫里斯 · 迪克逊 . 城市空间与景观设计 [M]. 王松涛，蒋家龙译 . 中国建筑工业出版社，2001.

后 记

本书编写过程中参考了许多国内外该领域专家、学者、设计师的相关研究、著作及作品，对于直接引用的资料我们已在文中注明出处，未能一一对应标明出处的部分我们则是在参考文献中统一列出。由于时间较紧，加之作者水平有限，未尽之处，望海涵！

本书第一部分的插图大多为作者团队绘制或拍摄，但也涉及少数源于网络的图片资料，由于无法与原作者取得联系，因此未能注明，在此深表歉意和衷心的感谢！文中难免遗漏之处，请广大读者朋友们批评指正！